全国高等院校应用型人才培养规划教材·艺术设计类

丛书总主编 张小纲

公共空间设计

（第三版）

主　编　杨清平　李柏山
副主编　聂正光
参　编　苏振华　向玉洁　肖　军
　　　　王晴晴　刘原平

U0194230

北京大学出版社
PEKING UNIVERSITY PRESS

内 容 简 介

"公共空间设计"是环境艺术设计、室内艺术设计等专业的核心课程。开设该课程的主要目的是使学生在教师的指导下，通过系统的实践学习，完成对公共空间设计概念的理解、设计原则的把握、设计方法的运用、设计程序的参与、设计表现的选择等内容；使学生了解公共空间的设计过程与实施过程；为学生今后走向职业岗位打下良好的专业实践基础。

本书注重理论与实践的高度统一，凸显了应用型人才的培养特色，充分贯彻了"工学结合"的理念，设计了突破常规的教材内容编排形式，彰显了国家级精品课程的教学改革特点。公共空间设计和进行公共空间设计的程序及内容在本书中均有较为详细的论述。

图书在版编目(CIP)数据

公共空间设计/杨清平，李柏山主编. —3版. —北京：北京大学出版社，2019.1
（全国高等院校应用型人才培养规划教材·艺术设计类）
ISBN 978-7-301-26756-1

Ⅰ.①公… Ⅱ.①杨… ②李… Ⅲ.①公共建筑 – 室内装饰设计 – 高等学校 – 教材 Ⅳ.①TU242

中国版本图书馆CIP数据核字（2016）第009897号

书　　　名	公共空间设计（第三版）
	GONGGONG KONGJIAN SHEJI（DISANBAN）
著作责任者	杨清平　李柏山　主编
责 任 编 辑	桂　春　齐一璇
标 准 书 号	ISBN 978-7-301-26756-1
出 版 发 行	北京大学出版社
地　　　址	北京市海淀区成府路 205 号　100871
网　　　址	http://www.pup.cn　　新浪微博：@ 北京大学出版社
电 子 邮 箱	编辑部 zyjy@ pup.cn　总编室 zpup@ pup.cn
电　　　话	邮购部 010-62752015　发行部 010-62750672　编辑部 010-62765923
印 刷 者	三河市博文印刷有限公司
经 销 者	新华书店
	889 毫米 ×1194 毫米　16 开本　15.25 印张　385 千字
	2010 年 9 月第 1 版　2012 年 8 月第 2 版
	2019 年 1 月第 3 版　2023 年 12 月第 4 次印刷　总第 13 次印刷
定　　　价	76.00 元

丛 书 总 序

　　伴随着国家经济、文化建设的快速发展，文化创意产业、设计服务业等的蓬勃兴起，艺术设计教育步入了"黄金发展期"。这不仅体现于日益扩增的艺术设计类专业办学规模之上，也直接反映在近些年来持续出现的较高的报考率和就业率之中。这当然与良好的经济环境、产业背景有关，无疑也是广大应用型高校艺术设计教育工作者在"工学结合"育人理念指导下，认真研究本专业人才培养的基本规律，在教育教学改革的道路上积极探索、勇于创新、努力实践的直接结果。然而，越是在这喜人局面之下，我们越要保持清醒的头脑，应该投入更大的精力去不断提高我们的教育教学质量。

　　构建以就业为导向、以岗位能力为核心、以工作任务为主线、以专业素质为基础的课程体系仍将是应用型高校教育教学改革的重要任务。而将"工学结合"的育人理念贯穿于育人的全过程，落实到具体的课程，体现于每一本教材之中，无疑是我们今后一段时期的工作重心。在整个育人体系中，课程是人才培养的落脚点。通俗一点讲，只有将每一门课程上好了、上活了，课程建设做实了、做优了，我们的人才培养质量才会有保障。从这个意义上讲，课程建设既是学校的基础性工作，也是全局性工作。

　　当下的应用型高等教育模式，无论在教学理念还是教学内容方面，无论是在教学形式还是教学方法方面都发生着深刻的变革。适时将这些教育教学改革的成果直接反映到教材建设之中，反过来又使之成为推进和深化教育教学改革的新动力，这已成为我们的共识。与此同时，随着社会经济发展方式的转变，相关产业正发生着深刻的变化，及时将反映行业发展趋势的新工艺、新材料、新方法、新技术融入我们的课程，将体现最前沿应用技术的成果融入我们的教材，应是我们的现实追求。

　　应用型高校艺术设计教育培养的是服务于一线的"职业设计师"，这就要求我们针对设计行业以及具体岗位对设计人才知识、能力结构的实际需求来建设课程，来开展教学，来编写教材。一方面，我们力图使教材内容紧紧扣住应用型高校艺术设计教育的人才培养目标及课程设置的总体要求，使教材在内容丰富、概念明确、结构合理的基础之上，突出实用性强、针对性强的特点。另一方面，我们在教材内容的编排与结构的设计上，努力体现其科学性与合理性，尤其是在对职业岗位进行全面分析的基础之上，对本教材（课程）内容如何对应岗位能力需求，如何培养学生分析问题、解决问题的能力，各课程应掌握的知识点、能力以及技能要素、素质要素等，都做了较详细的描述。全书通篇以项目、案例为主线，努力避免单调、枯燥的概念表述，强调基于工作过程的学习与基于学习过程的工作之高度融合，讲究设计预想与实际效果的有机统一。

　　我们试图通过辛勤的工作，使这套规划教材能够充分体现先进的育人理念，能够准确反映职业岗位对人才知识、能力结构的基本需求，又能凸显教材的实用性、实战性、实践性。当然，作者的追求与最终效果能否达至统一，有赖于读者的判断，而一线教师的具体评价、学生们的实际感受则是我们最看重的。

丛书编委会

前　言

　　公共空间设计是室内设计的重要组成部分，是室内艺术设计的核心课程之一。公共空间设计涉及的范围十分广泛，包含的内容十分丰富，设计要素丰富多彩。公共空间是我们生活、学习、工作的主要场所。公共空间设计和进行公共空间设计的程序及内容在本书中均有较为详细的论述。

　　本书为高职艺术设计类专业室内设计课程实训教材，教材编写是根据高职高专室内艺术设计专业人才的设计实践能力培养要求，依据科学、系统、实用的原则进行的。它与室内设计理论教材相配合，重点解决学生对公共空间设计基本概念与相关理论的理解，公共空间设计的基本要素、原则与基本特点的运用，公共空间设计基本流程的把握等一系列问题。全书详细阐述了不同类型的公共空间设计，并用大量的图片对每一个知识点都进行形象的说明，使学习者通过直观的方式对其进行了解。

　　本书以理论结合实际作为编写的方式，突出设计实践的重要性，在内容组织和知识结构上，采用了一种新的模式，使章节始终围绕设计主题而展开。同时，本书编写注重公共空间设计的实效性，每章讲解完后均有本章小结、思考练习与实训项目。因此，本书更有助于学生理解和掌握各类公共空间设计的性质、要求及表现等。

　　全书共分为四章。第一章为公共空间的概述。第二章着重讲述公共空间设计的要素、原则、特点及程序。第三章具体讲述公共空间设计的实践过程。第四章对公共空间设计的实际案例进行了分析。

　　本书中杨清平和李柏山为主编，聂正光为副主编，苏振华、向玉洁、肖军、王晴晴、刘原平等人参加了编写。其中，第一章、第二章由湖南科技职业学院的杨清平老师、怀化学院的李柏山老师承担了主要的编写任务，怀化学院的王晴晴老师、怀化职业技术学院的刘原平老师、枫源设计工作室的设计师肖军协助编写。第三章、第四章由湖南科技职业学院的杨清平老师承担了主要的编写任务，清平艺术设计工作室的设计师向玉洁参与了CAD制图，枫源设计工作室的设计师肖军参与了效果图制作。湖南工业大学的苏振华老师及湖南科技职业学院的聂正光老师协助了第四章的编写。第四章的案例由湖南中诚设计装饰工程有限公司提供。本书的出版得到了湖南科技职业学院艺术设计学院的丰明高院长、北京大学出版社和湖南中诚设计装饰工程有限公司的大力支持。同时，对湖南科技职业学院艺术设计学院的学生雷滕姣、金思燕等的积极参与，本人在此表示衷心的感谢！

　　本书在编写过程中，以实际工作流程为主线，把理论知识项目化、实践化，避免了理论与实践分割的现象，有利于教师教学工作的开展，有利于学生理解知识、消化知识、掌握知识和自学知识能力的提高。本书可作为各类高校相关专业的教材，也可作为从事室内设计、环境艺术设计等工作的专业人员的参考资料，此外，还可作为环境艺术设计、室内设计等培训机构的专业教材。

　　由于编者水平有限，书中难免存在不足之处，敬请读者批评指正。

主编　杨清平

2019年1月

课 程 导 语

什么是公共空间设计

　　"公共空间设计"是环境艺术设计、室内艺术设计等专业的核心课程。开设该课程的主要目的是使学生在教师的指导下，通过系统的实践学习，完成对公共空间设计概念的理解、设计原则的把握、设计方法的运用、设计程序的参与、设计表现的选择等内容；使学生了解公共空间的设计过程与实施过程；为学生今后走向职业岗位打下良好的专业实践基础。

　　本书注重理论性与实践性的高度统一，凸显了高职教育特色，充分贯彻了"工学结合"的理念，以突破常规的教材内容编排形式，彰显了国家级精品课程的教学改革特点。

　　在学习该课程前，学生必须具备良好的专业理解能力、专业表现能力和空间感受能力。

前导课程

设计制图
设计表现（手绘、计算机）
室内设计原理
家具与陈设专题设计
生活空间设计

课程目标

　　以实际工作流程为主线，了解公共空间的主要类型，掌握公共空间设计的要素、原则、特点及流程，参与公共空间设计的实践过程，对各类公共空间设计案例进行分析

公共空间设计

就业岗位

设计制图员
计算机效果图制作员
项目施工管理员
室内设计师
家具营销员
室内陈设师
…………

后续课程

装饰材料
施工工艺
项目管理
…………

-课程设置-
courses

-岗位能力-
abilities

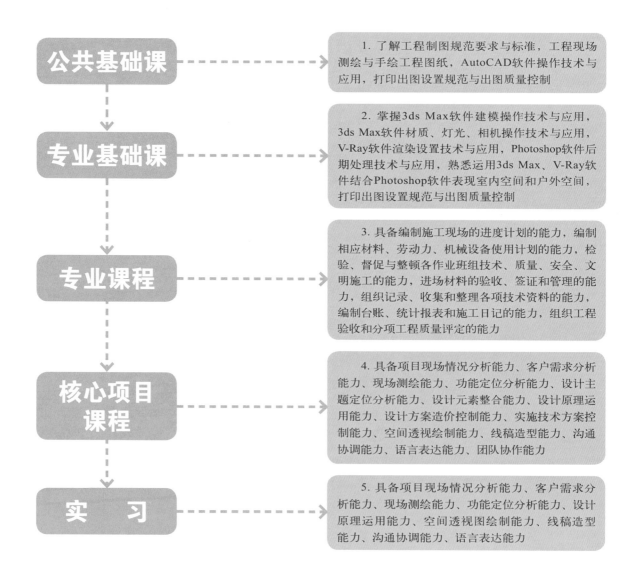

公共基础课

1. 了解工程制图规范要求与标准，工程现场测绘与手绘工程图纸，AutoCAD软件操作技术与应用，打印出图设置规范与出图质量控制

专业基础课

2. 掌握3ds Max软件建模操作技术与应用，3ds Max软件材质、灯光、相机操作技术与应用，V-Ray软件渲染设置技术与应用，Photoshop软件后期处理技术与应用，熟悉运用3ds Max、V-Ray软件结合Photoshop软件表现室内空间和户外空间，打印出图设置规范与出图质量控制

专业课程

3. 具备编制施工现场的进度计划的能力，编制相应材料、劳动力、机械设备使用计划的能力，检验、督促与整顿各作业班组技术、质量、安全、文明施工的能力，进场材料的验收、签证和管理的能力，组织记录、收集和整理各项技术资料的能力，编制台账、统计报表和施工日记的能力，组织工程验收和分项工程质量评定的能力

核心项目课程

4. 具备项目现场情况分析能力、客户需求分析能力、现场测绘能力、功能定位分析能力、设计主题定位分析能力、设计元素整合能力、设计原理运用能力、设计方案造价控制能力、实施技术方案控制能力、空间透视绘制能力、线稿造型能力、沟通协调能力、语言表达能力、团队协作能力

实　习

5. 具备项目现场情况分析能力、客户需求分析能力、现场测绘能力、功能定位分析能力、设计原理运用能力、空间透视图绘制能力、线稿造型能力、沟通协调能力、语言表达能力

目 录 CONTENTS

第一章
公共空间概述

　　对于立志成为室内设计师的学生，公共空间设计是必须了解和学习的一门综合学科。本章共分三节，分别介绍了公共空间的基本概念及其设计的发展、主要类型和发展趋势。通过对本章内容的学习，学生应了解公共空间的概念及其设计的发展过程，熟悉公共空间的分类依据、方法及主要类型，同时可对公共空间设计发展的主要因素及趋势进行主题性解析。

第一节
公共空间的概念及其设计的发展历史

一、公共空间的概念

（一）公共空间概述

公共空间的概念源于人类特有的人文环境。在这个特有的环境里，它不仅要满足人的个人需求，还应满足人与人的交往及其对环境的各种要求。公共空间所面临的服务对象涉及不同文化素养层次、不同职业、不同种族等，因此可以说，公共空间是社会化的行为场所，通常也指城市或城市群中，在建筑实体之间存在着的开放空间体——城市居民进行公共交往活动的开放性场所。同时，它是人类与自然进行物质、能量和信息交流的重要场所，也是城市形象的重要表现。

公共空间是人类社会现代化进程的产物。成功的公共空间以富有活力为特点，并处于不断自我完善和强化的进程中。要使空间变得富有活力，就必须在一个具有吸引力和安全的环境中提供人们需要的东西，即在公共空间的营建和应用中注意"空间与尺度""可达性与易达性""混合使用与密度""环境质量""公共设施""公共文化活动"等要素。空间既是物质存在的客观形式，由长、宽、高等量度和范围表现出来，又是物质存在广延性和扩张性的表现，但具有实质意义的公共空间应该也是兼具地域文化和内涵的。

（二）公共空间设计的内涵意义

公共空间设计就是最大限度地满足不同人的不同需求。

公共空间在不同时期和地域的表现受诸多因素影响，包括社会的、民族的、文化的、技术的以及个人的。公共空间的特点就在于它能为生活、娱乐、交往、文化等社会活动创造出有组织的空间。不同的公共空间都有其自身的功能。公共空间的功能一般对它的空间形态和气氛的表现具有一定影响，每个时期的公共空间的特点也反映在其空间布局和组织之中，如餐饮空间、娱乐空间、观演空间、综合空间等都存在各自的功能特征、风格样式和空间布局。因此，从功能的角度看，公共空间具有多元性。可以说，公共空间本身是复杂的，人对生活的感受各种各样，对公共空间的感情和理解自然也各不相同。但公共空间的表现最终都要通过形式语言以一定的组织方式呈现出来，形式在发展过程中积淀下许多约定俗成的内容。

二、公共空间设计的发展历史及风格表现

设计是创造性的方式与方法，是指为实现一定需求的目标而拟订计划与方案的行为，是通过语言、符号表达出来的文化形式。

自古以来建筑装饰纹样的运用，也正说明人们对生活环境、精神功能方面的需求。公共空间的发展与演变总是带有时代的烙印，人类社会由低级向高级发展，从最初的原始洞穴发展到今天的城市建筑。公共空间设计总是与建筑装饰紧密地联系在一起，依附着建筑由低级逐步向高级发展。

（一）国内的发展历史

从最原始最简单的建筑形式，如半坡村遗址，到新石器时代的原始艺术，如绘画、雕塑、手工艺等艺术的发展日趋繁盛，它们在建筑的内部也得到了相应的反映；再到传统的民居和宫殿，祠堂，庙宇的梁、柱的雕花修饰，墙面、顶面的重彩装饰也得到发展。随着社会发展，家具在空间中的作用越来越大，到了明清时期，家具样式成为我国研究本土空间设计发展的重要依据。我国空间设计的特点突出，可以通过格扇、门罩、博古架等构成多种空间。这些都充分反映了中国传统文化和生活修养的特征。

早在原始氏族社会的居室里，已经有人工做成的平整光洁的石灰质地面，新石器时代的居室遗址里，还留有修饰精细、坚硬美观的红色烧土地面，即使是原始人穴居的洞窟里，壁面上也已绘有野兽和围猎的图形。也就是说，即使在人类建筑活动的初始阶段，人们就已经开始对"使用和氛围""物质和精神"两方面的功能同时给予关注。出土的商朝宫室遗址显示，商朝宫室的建筑空间秩序井然、严谨规正，宫室里装饰着着彩木料，雕饰白石，柱下置有云雷纹的铜盘。秦时的阿房宫和西汉的未央宫，虽然宫室建筑已荡然无存，但从文献的记载，从出土的瓦当、器皿等实物，以及从墓室石刻中精美的窗棂、栏杆的装饰纹样来看，当时的装饰已经相当精细和华丽。

清代名人李渔对我国传统建筑室内设计的构思立意，对空间装修的做法和要领，有着极为独到的见解。在其专著《闲情偶寄》中，李渔是这样论述的："盖居室之制，贵精不贵丽，贵新奇大雅，不贵纤巧烂漫"；"窗棂以明透为先，栏杆以玲珑为主，然此皆属第二义；具首重者，止在一字之坚，坚而后论工拙。"从中可以看出，李渔对空间设计和装修的构思立意有独到和精辟的见解。

我国各类民居，如北京的四合院、四川的山地住宅、云南的"一颗印"以及上海的里弄在装饰的设计与制作等许多方面，都有极为宝贵的可供我们借鉴的内容。如图1-1所示的空间装饰性设计，即体现了中国传统文化的特点。

▲　图1-1　以线为主要造型元素，雕梁画栋的空间装饰性设计，体现了中国传统文化特点

（二）国外的发展历史

公元前古埃及贵族宅邸的遗址中，抹灰墙上绘有彩色竖直条纹，地上铺有草编织物，其上摆放各类家具和生活用品。古埃及卡纳克的阿蒙神庙，庙前雕塑及庙内石柱的装饰纹样均极为精美，神庙大柱厅内硕大的石柱群和极为压抑的厅内空间，正是符合古埃及神庙所需的森严神秘的空间氛围，也是神庙的精神功能所需要的。

古希腊和古罗马在建筑艺术和空间装饰方面已发展到很高的水平。古希腊雅典卫城帕特农神庙的柱廊，除了起到室内外空间过渡的作用之外，其精心推敲的尺度、比例和石材性能的合理运用，还形成了梁、柱、枋的构成体系和具有个性的各类柱式。在古罗马庞贝城的遗址中，从贵族宅邸墙面的壁饰、铺设的大理石地面，到家具、灯饰等加工制作的精细程度来看，当时的装饰已相当成熟。古罗马万神庙高旷的、具有公众聚会特征的拱形空间，是当今公共建筑内中庭设置最早的原型。

14世纪至17世纪，在希腊、罗马的文艺复兴运动中提倡的人文主义，在建筑、雕刻、绘画等艺术方面取得了辉煌的成绩。空间装饰在古希腊和古罗马风格的基础上加入了东方和哥特式的装饰形式，采用新的表现手法，将建筑、雕刻、绘画紧密结合，创造出既有稳健气势又华丽高雅的室内装饰效果。

17世纪中期，巴洛克风格的形成以浪漫主义精神为基础，在艺术构思上与古典主义的端庄、高雅、静态、理智针锋相对，倾向于热情、华丽、动态的美感。

18世纪初期，空间装饰的风格开始趋向亲切灵巧，以多曲线造型、雕刻精致、色彩华丽为主要特征。18世纪中后期，随着工业革命的到来，人们追求简洁单纯、轻巧可爱的装饰，主张装饰和建筑本身分开。

1919年，格罗皮乌斯在德国创建了包豪斯学派。20世纪30年代，柯布西耶提倡"机械美学"（又称功能主义或国际文格）。20世纪50年代末，保护和修复古建筑的浪潮开始兴起。20世纪60年代的莫尔和文丘里走上一条大胆的探索之路——后现代派装饰新浪潮（如图1-2所示）。

图1-2 后现代派装饰以古瓶柱冠、花饰、拱形尖顶等元素构成室内公共空间

（三）公共空间设计的风格

公共空间设计风格的形成，通常是和当地的人文氛围和自然条件密切相关的。不同的时代思潮和地区特点，通过创作构思和表现，会逐渐发展成为具有代表性的空间设计形式。

公共空间设计的风格主要有以下几种。

1. 传统风格

传统风格的公共空间设计，是在室内布置、线形、色调以及家具、陈设的造型等方面，吸取传统装饰"形""神"的特征。例如传统风格可以吸取我国传统木构架建筑设计的藻井天棚、挂落、雀替的构成和装饰，明、清家具的造型和款式特征，或者吸取西方传统的罗马式、哥特式、文艺复兴式、巴洛克式、洛可可式、古典主义等风格，还可以仿欧洲英国维多利亚式或法国路易式的装潢和家具款式。此外，日本传统风格（和风）、印度传统风格、北非城堡风格等均值得借鉴。传统风格常给人们以历史延续和地域文脉的感受，它使空间环境突出了民族文化渊源的形象特征（如图1-3至图1-5所示）。

图1-3　以直线、弧线为造型元素，反映了中式风格的餐厅

2. 现代风格

现代风格起源于1919年成立的包豪斯学派，该学派在当时的历史背景下，强调突破旧传统，创造新建筑，重视功能和空间组织，注意发挥结构构成本身的形式美，造型简洁，反对多余装饰，崇尚合理的构成工艺，尊重材料的性能，讲究材料自身的质地和色彩的配置效果，发展了非传统的以功能布局为依据的不对称的构图手法。现在，广义的现代风格也可泛指造型简洁新颖，具有当今时代感的建筑形象和空间环境（如图1-6所示）。

图1-4　图1-5　　　图1-4　以红色灯笼为视觉中心、以线为造型元素的中式餐饮空间

图1-6　　　　　图1-5　以直线、圆弧为造型元素，反映了欧式古典风格的公共空间

图1-6　以线面为主要造型元素，体现现代风格的展览空间

3. 后现代风格

受20世纪60年代兴起的大众艺术的影响，后现代风格对现代风格中纯理性主义倾向进行了批判。后现代风格强调建筑及室内装潢应具有历史的延续性，但又不拘泥于传统的逻辑思维方式。它探索创新造型手法，讲究人情味，常在空间内设置夸张、变形的柱式和断裂的拱券，或把古典构件的抽象形式以新的手法组合在一起，即采用非传统的混合、叠加、错位、裂变等手法和象征、隐喻等手段，以期创造一种融感性与理性、集传统与现代、糅大众与行家于一体的"亦此亦彼"的建筑形象与空间环境。对后现代风格不能仅仅以所看到的视觉形象来评价，需要我们透过形象从设计思想来分析。

张扬的后现代风格、无常规的空间结构、大胆鲜明对比强烈的色彩布置，以及刚柔并举的选材搭配，无不让人在冷峻中寻求到一种超现实的平衡，而这种平衡无疑也是对审美单一、生活方式单一的最有力的抨击。设计时设计师要注意用户的生活方式和行为习惯，强调个人的个性和喜好，设计不要华而不实（如图1-7、图1-8所示）。

▲ 图1-7 玻璃隔断、曲线形扶手张扬着
个性，灰色的色调打造素雅的环境

▲ 图1-8 以直线、体块为造型元素，反映
了后现代简约风格的办公公共空间

4. 自然风格

自然风格倡导回归自然，推崇自然。这种风格认为人们只有崇尚自然、结合自然，才能在当今高科技、高节奏的社会生活中，取得生理和心理的平衡。因此这种风格在空间设计时，多用木料、织物、石材等天然材料，显示材料的纹理，清新淡雅。此外，由于宗旨和手法的类同，也可把田园风格归入自然风格一类。田园风格在空间环境中力求表现悠闲、舒畅、自然的田园生活情趣，也常运用天然木、石、藤、竹等材质质朴的纹理，巧妙设置空间绿化，创造自然、简朴、高雅的氛围。自然风格抛弃了烦琐和奢华，并将不同风格中的优秀元素汇集融合，以舒适功能为导向，强调"回归自然"，使人感到轻松、舒适。不论是感觉笨重的家具，还是带有岁月沧桑的配饰（如图1-9所示），都突出了生活的舒适和自由。

5. 混合型风格

随着全球一体化的发展，建筑及建筑内部的装饰风格也出现了多元化的现象，两种或多种不同风格共存的混合型设计风格被称为混合型风格（如图1-10所示）。

混合型风格既趋于现代实用，又具有传统的特征，在装潢与陈设中融古今中西于一体，例如，传统的屏风、摆设和茶几，配以现代风格的墙面及门窗装修、新型的沙发；欧式古典的琉璃灯具和壁面装饰，配以东方传统的家具和埃及的陈设、小品等。混合型风格虽然不拘一格，运用多种体例，但设计中仍然是匠心独具，深入推敲形体、色彩、材质等方面的总体构图和视觉效果。

图1-9 以槽钢做隔断，强调材质肌理感觉；用绿植做呼应，表现自然风格的餐饮公共空间

图1-10 线形造型的顶面与以装饰为主的立面融合了东西方设计元素

第二节
公共空间的主要类型

一、公共空间及其设计的分类依据及方法

公共空间包含的内容很广泛，从广义上分为室内公共空间和室外公共空间两部分；从空间内部区域位置及功能的专门性来分，可以分为门厅空间、大厅空间、走廊空间等几类。

公共空间设计分为居室公共空间设计和广义的公共空间设计两部分。在这里，我们主要介绍广义的公共空间设计。

公共空间设计从大体的使用功能与设计内容来分类，可以分为办公空间设计、餐饮空间设计、商业空间设计、金融空间设计、文教空间设计、医疗空间设计、演艺空间设计、展览空间设计、航站空间设计、酒店空间设计、休闲娱乐健身空间设计等。

二、公共空间的主要类型

（一）办公空间

办公空间是指在办公地点对布局、格局、空间的物理和心理合理分割的公共空间形式。办公空间设计需要考虑多方面的内容，涉及科学、技术、人文、艺术等诸多因素。办公空间设计的最终目标就是要为工作人员创造一个舒适、方便、卫生、安全、高效的工作环境，以便更大限度地提高员工的工作效率。其中"舒适"涉及建筑声学、建筑光学、建筑热工学、环境心理学、人类工效学等方面的学科；"方便"涉及功能流线分析、人类工效学等方面的内容；"卫生"涉及绿色材料、卫生学、给排水工程等方面的内容；"安全"则涉及建筑防灾、装饰构造等方面的内容（如图1-11所示）。

1. 按办公空间的功能性质划分

（1）行政类办公空间。

行政类办公空间主要指各级行政机关、团体、事业单位的办公楼（如图1-12所示）。

（2）商业类办公空间。

商业类办公空间是指由开发商建设并管理的办公楼，出租给不同客户，客户按各自的需求进行策划、设计（如图1-13所示）。

图1-11　用空调管道和消防管道做顶面的造型，平面布置采用"回"字形，使办公空间具有超现实风韵

图1-12　用现代构成的方式表达设计理念，以线面结合塑造会议环境的顶面变化，用体块结构打造行政会议室的氛围

（3）综合类办公空间。

综合类办公空间是同时具有商场、金融、餐饮、娱乐、公寓及办公室综合设施的办公空间。

2.按空间闭合性划分

（1）单间式办公空间。

单间式办公空间适用于工作联系较少、工种差别较大、私密性和领域性要求较高的一些部门，一般适合高层领导办公，有单间和套间之分，通常要通过接待人员或秘书使用的外间才能进入。大面积的设有套间、接待室、私人会议室等；中等面积的往往将接待室和会议室结合在一起，或在办公桌前设置接待座椅作为接待区；小面积的一般不设会议桌，仅在办公桌前或一侧设置接待座（如图1-14所示）。

（2）开敞式办公空间。

开敞式办公空间适用于私密性要求不高、联系较密切的工作空间。开敞式的办公空间可以使员工随时交流，互相监督，既提高了工作质量，又减轻了员工的心理压力，适合于多人办公，一般空间都比较大（如图1-15所示）。

图1-13　图1-14

图1-15

图1-13　体现材质肌理效果，根据商业类型设计的商用会议室

图1-14　以线为造型元素，强调多功能性及隐私的总经理办公室

图1-15　以简洁明快的色彩造型元素，打造的符合自身需求的开敞式办公空间

3.按办公空间的发展趋势划分

（1）园林式办公空间（如图1-16所示）。

（2）综合式办公空间。

综合式办公空间的面积利用率可达80%～90%，可以缩短行动路线，提高工作效率，减少交通面积（如图1-17所示）。

（3）电子化办公空间。

电子化办公是指利用现代通信、互联网络进行电子商务运作。电子化办公空间一般要求做出隔断，办公单元的系列家具要易于拆装、灵活变动，能适应电子设备和电线的灵活布置。

图1-16 以体块为造型元素，采用景观理念设计的园林式办公空间

图1-17　以材质的现代性为造型元素，营造了充满时代特点的综合式办公空间

（4）个性化办公空间。

随着社会分工的日趋细化，不同业务范畴的新型公司，如网络公司、演艺公司、文艺娱乐公司等开始涌现。这类办公空间不同于传统的办公空间，其内部设计在满足功能的前提下，界面呈现为多样化、个性化、新奇化（如图1-18、图1-19所示）。

图1-18　以点、线为造型元素，充满亮丽色彩和高科技的个性化设计类办公空间

图1-19　以线为主要造型元素，强调虚实相生的国外个性化办公空间

（二）餐饮空间

　　餐饮空间在我国历史悠久，并在环境与人行为的不断冲突和不断融合中发展。餐饮空间是体现文化的一种方式，传统的餐饮空间表现为饭店、茶楼。它们成为我国文化传承的主要空间载体之一。餐饮空间按照不同的分类标准可以分成若干类型。首先，餐，代表餐厅和餐馆；饮，则包含中式茶室、茶楼，西式酒吧和咖啡室等。其次，餐饮空间分类标准包含经营内容、经营性质、规模大小及布置类型等。现今社会，餐饮空间的表现形式多种多样，主要有中餐厅、西餐厅、酒吧、咖啡厅、茶楼等（如图1-20、图1-21所示）。

图1-20　以现代体块空间构成设计的西餐厅

▲　图1-21　用色彩构成做
创意设计的咖啡厅

　　餐饮空间是人们频繁介入的公共空间之一，怎样进行功能区的组织应是设计师优先考虑的问题。随着人们生活水平的提高和饮食意向的变化，吃饭的目的也从填满空腹转化为生活享受。消费者除了享用美味佳肴、享受优质服务外，还希望得到全新的空间感受和视觉体验，希望有一个能进行充分交流的、有别于家的特殊氛围。人们在餐厅中所得到的，是享用美食，同时欣赏美景。

1. 中餐厅

中餐厅主要是经营传统的中式菜肴或地方特色菜系的专业餐厅。在空间布置上，要求整体舒适大方，富有主题特色，具有一定的文化内涵、功能内涵，功能齐全（如图1-22所示）。

▲ 图1-22　以中国传统元素为主要造型元素，体现文化内涵的中餐厅

2. 西餐厅

西餐厅的经营是按照西式的风格和格调，并采用西式菜品来招待顾客的一种餐饮模式。西餐厅分为法式、俄式、英式、意式、美式等，除了烹饪方法有所不同外，还有服务方式的区别。

目前在我国，西餐厅主要以美式和法式餐厅为主。法式餐厅在装修上，主要风格特点是华丽，注重餐具、灯光、音乐、陈设的配合。餐厅讲究宁静，突出贵族情调，由内到外、由静态到动态形成一种高贵典雅的气氛。

美式西餐厅的特点是融合了各种西餐厅的形式，在空间的装修上也十分自由、现代化。这种西餐厅经营成本低，在我国美式西餐厅更为多见（如图1-23所示）。

3. 酒吧

现代意义上的酒吧，仅仅是一种闲暇的娱乐消费场所。在我国酒吧形式的发展很快，上海的酒吧已形成基本稳定的三分格局，第一类酒吧就是校园酒吧，第二类是音乐酒吧，第三类是商业酒吧（如图1-24所示）。三类酒吧各有自己的鲜明特色，各有自己的特殊情调，由此也各有自己的基本常客。

4. 咖啡厅

自16世纪起，咖啡屋就是社交聚会的地方，人们会聚集在咖啡屋喝咖啡或茶、听音乐、阅读、下棋等。咖啡厅内的饮料以咖啡为主，产品具有季节性与公共性特点（如图1-25所示）。

图1-23 用局部照明方式营造
出浪漫情怀的美式西餐厅

图1-24 运用色彩变幻与顶面奇妙造型相
结合的方式，营造出强节奏的酒吧环境

图1-25 以玻璃材质和木纹材质为造型元
素，体现浪漫情调的咖啡厅

5. 茶楼

中国是茶的故乡，茶文化是我国历史文化的瑰宝。茶文化之所以经久不衰，不仅因为喝茶对人体有很多好处，更是因为品茶本身就是一种极优雅的艺术享受。作为茶文化传承的重要场地，对比其他的空间设计作品，茶楼的设计要注意的不仅仅是环境的美化，更需要注意的是茶文化氛围的营造。

茶楼在唐代称为茶馆，是过路客商休息的地方；在宋代继续发展成了娱乐的地方；明代品茶方式有了变化——从点茶到冲泡，茶馆也繁荣起来。中华人民共和国成立后的一段时间，除了老年茶馆、旅游区茶馆外，其他地方的茶馆都有所衰落。20世纪90年代后期，现代茶楼开始复苏，发展很快，它与传统茶馆一脉相承，但在经营方式和内容上有较大变化。过去可以几代传承一个茶楼，现在就一定要有变化和创新，如茶楼经营的内容越来越丰富。现在茶楼业的潜力很大，尤其是国际旅游业的发展，使得茶楼经营在文化服务方面有了很大创新。

（三）商业空间

商业空间是公众进行购物消费的空间，承担着商品流通和信息传递的作用，其发展随着市场的日益完善而变化。目前的商业活动已不能等同于一种纯粹的购买活动，而是一种集购物、休闲、娱乐及社交为一体的综合性活动。因此，商业空间不仅要拥有充足的商品，还要创造出一种适宜的购物环境，满足顾客的多方面要求，使顾客享受到最完美的服务。

商业空间包括购物中心、超级市场、各类专卖店等商品零售空间，以及批发市场、商品批量销售等空间。

1. 商业类空间的划分与处理

商业类空间一般由出入口、商品促销区、商品陈列区、商业洽谈区、购物服务区、管理区等主要部分组成，大型的卖场还包含餐饮区、休息区、促销活动区等区域（如图1-26所示）。

图1-26 以体块为主要造型元素，体现商品陈列空间的有序性和流畅性

2. 商品陈列区

商品陈列区主要承担陈列功能，应该注意陈列商品的位置和形式，使其具有安全性、易观看性和易取放性，可以将最具吸引力的一面呈现给消费者。在进行商品陈列设计时，设计师要注意消费者的购买心理，在陈列方式、陈列设备、陈列样品的造型、陈列商品的花色等方面都必须做到易为消费者所感知，最大限度地吸引消费者，使消费者产生兴趣。

3. 商业洽谈区

商业洽谈区一般提供沙发、茶几、多媒体设备等，把烦琐的洽谈变为人性化的"会客"交谈，体现出人性化的服务理念。商业洽谈区具有相对私密性，一般可设计为半围合的空间，在空间上塑造舒适的环境，使客户感受到被尊重（如图1-27所示）。

图1-27　以直线、弧线为造型元素，体现安静优雅的商业洽谈区

4. 购物服务区与管理区

购物服务区一般有总服务台、导购台、收银台等，一般需要设置在商场比较醒目的位置，同时要注意设置相关的导向系统指引客户到达。由于办公活动的需求，管理区与商业区之间需要设置一定的隔离，同时应有通道可以快捷地进入商业区，便于管理者及时处理相关事务（如图1-28所示）。

（四）金融空间

随着社会的进步和经济的发展，金融服务成为人们日常生活需要的内容之一，金融空间也就成为人们生活中非常重要的公共空间。安全和保密使它区别于其他空间类型。因此，金融空间的设计要满足人们对金融功能和安全的需求。设计时，设计师要充分了解企业类型和企业文化，才能设计出能反映企业风格与特征的空间，使设计出来的空间更具有个性。不同的金融企业有不同的企业文化与内涵，金融空间的设计也是企业实力与地位的标志，因此通常在空间的功能、设计的细节、材质的选用上都会有相对统一的要求。企业VI视觉设计与办公家具、配饰都应当营造出企业特有的品质，使整个空间简洁、大气、沉稳。

从特征与功能要求来看，金融空间的设计需要注重稳重感、秩序感、明快感、时代感、舒适感以及平面布置的规整性，隔断高低尺寸与色彩材料的统一，家具样式与色彩变化的统一，合理的色调及人流的导向，等等。金融空间环境的色调不能太花哨，要干净明亮，灯光布置要合理，明快的色调可给人轻松愉快之感，给人洁净、专业甚至神圣之感。现代化的金融办公室一定要方便人与人之间的沟通与交流，一定要舒适、干净、明快、规整（如图1-29、图1-30所示）。

图1-28 运用色彩与材质独有的品质，塑造理性化的办公环境

图1-29 运用功能性造型元素分割空间，使室内的功能区清晰、准确、明了

图1-30 以细弧线为造型元素，塑造富有时代气息的环境

（五）文教空间

1. 教室空间设计

教室容纳人数一般不应当超出50人，在桌椅的排列上，第一排课桌前沿距黑板不应小于2m，最后一排课桌后沿距黑板不应大于8.5m。

在建筑装修上，门窗要求坚固耐用，以保证人员的安全，地面材料应当光滑适度，易于清洗，并不易起灰，墙面颜色以浅淡明亮为宜。

在设备上，除了传统的黑板外，教室中最好设置墙报布告板、广播器、清洁柜等设备。多媒体教室还要加装多媒体系统及投影仪与投影幕（如图1-31所示）。

2. 实验室空间设计

实验室的空间设计要求每个实验室与准备室相连。实验室应当设有给排水系统，提供交流电、直流电、专用配电盘。化学实验室还要有良好的排风设备（如图1-32所示）。

▲　图1-31　布局合理、采光科学、宽敞明亮的现代化教室，既保证了教学要求，又充分体现了人体工程学在空间设计中的运用

▲　图1-32　根据实验性质设计的实验室宽敞明亮

3. 阅览室空间设计

现代阅览室更多地融入了智能化科技。高大、宽敞、明亮的阅览室空间，既要满足学习、阅览、笔记等多种功能，又要让人在心理上得到满足。

基于阅览室这种空间功能的特殊性，在装修上首要的问题是考虑材料的吸音功能，设计要满足有足够的光线，装修无须浮华（如图1-33所示）。

图1-33　采用侧面采光，顶面使用冲孔水晶板吊顶的设计，满足了阅览室的功能需求 ▶

（六）医疗空间

医疗空间设计应体现人文关怀，最大限度地满足人的行为方式，体谅人的情感，力图将人与空间的关系转化为人与人之间可以相互交流的关系。传统的医疗空间设计理念是"救死扶伤，实行人道主义"；现代医院设计更重要的是体现家的温馨和人文关怀，融服务、养护为一体，既要救死扶伤，又要防患于未然，在空间设计中体现出服务至上的理念（如图1-34所示）。

图1-34　功能分区合理、功能区完整的医疗空间设计充满人性化

（七）演艺空间

演艺空间包括歌剧院、音乐厅、演播室、大型歌舞厅等。

演艺空间是多元的。演艺活动的发展使其活动空间设计在创作观念上也朝着多元化发展。艺术视野的开拓、形式的多样化，以及舞台高科技在演艺活动中的投入和使用，使得演艺空间得到了极大的发展。

演艺空间的舞台色彩具有较大的创造空间，也应该是综合的。它将张扬、强化舞台艺术的整体魅力。舞台上大量科技的运用，使戏剧的表现力获得极大的创新，创造出令人震撼的视觉效果和艺术形象（如图1-35、图1-36所示）。

图1-35　以直线、弧线为造型元素的中国国家大剧院内庭空间

图1-36　以直线、弧线为造型元素的中国国家大剧院音乐演奏厅

（八）展览空间

在过去，展览空间犹如记录人类文明历史的博物馆，时至今日它的角色与作用都发生了较大变化。在展览空间内虽然只有单纯的物品，但其真正的价值在于其内部含有的信息与意义。换言之，展览空间的重要性在于它能让展览者与参观者相互交流。成功的展览空间或能让参观者从多角度获得交流经验，或能给参观者带来快乐，让他们能够深入地去发现新的有价值的东西。

如果说展览是一台戏，展览设计就是戏剧的主题思想。设计的基本框架应根据参展商的行业属性、展出参观者群体、展览场地背景以及空间设定。在展览设计上，材料的使用与选择是关键，此外还要考虑安全因素。展览设计在造型选择上几乎是没有限制的，有些展览类别需要沉稳，而有些展览需要活泼，有的需要展现科技，有的需要展示环保，还有的需要表现艺术、人文或者社会公益，现代科技使得新材料、新光源、新媒体在展览空间的应用层出不穷（如图1-37至图1-39所示）。

图1-37　黑、白、灰层次清晰的展示厅采用了局部照明与全局照明的采光方式

23

图1-38　黑、白两色的合理运用经营了素雅氛围

图1-39　以线为主要造型元素的中央美术学院展览厅

（九）航站空间

在航站空间中，航站楼在机场是属于接触旅客最多、最具有形象、具有"城市门户"特征的公共建筑，它体现着一个城市的风貌，所以设计师在设计中不仅要为航站楼办公人员创造良好的生活、工作的环境，还要为航站楼内部满足不同需要的大小空间进行精心设计。现代航站楼已从单纯的航空运输业务办理地点发展成为一应俱全的"空港城市"。它是城市的重要组成部分，甚至变成城市的交通、贸易、文化娱乐中心。航站楼在满足旅客多种需求的同时，还要保证自身的竞争能力，所以在设计航站楼时，设计师除了要注重建筑形象要求外，对建筑的空间、建筑的功能性，还有综合经济效益等方面，均应进行深入的考虑，力求为旅客营造出舒适、方便、快捷的旅行环境（如图1-40、图1-41所示）。

▼ 图1-40 以线为主要造型元素的机场候机厅

图1-41　以线为造型元素，通过造型与材
质之间的科学组合，充分体现了科技原则
在航站楼设计中的运用

（十）酒店空间

　　我国酒店业近年来紧扣时代脉搏，呈现出蓬勃发展的良好势头。面对新的形势，只有创造出时尚的、优秀的酒店空间设计作品，才能适应时代的要求。设计师应具有艺术与技术两类知识技能，既要有一定的哲学、社会学、心理学、美学、逻辑学等文化素养，又要掌握市场营销、投资评估、客户心理等知识与技巧。酒店空间设计的过程，是设计师不断闪现创作灵感、不断迸发思想火花的过程，也是展示设计师深厚文化积淀和敏锐社会洞察力的过程。一个好的酒店空间设计作品，能反映出设计师独到的创造性和丰富的想象力，同时也是设计师综合素质厚积薄发的集中展现（如图1-42至图1-54所示）。

图1-42 以直线为主要造型元素，极具造型特色的酒店多功能吧

图1-43 以间接照明为主要采光设计方式的富丽堂皇的酒店大堂

▲ 图1-44　圆形设计元素统领顶面，水晶吊灯与
灯带相互映衬营造了温暖宜人的中餐厅氛围

图1-45　同样是圆形造型的吊顶，通过家具等设计要
素的参与造就了具有中国特点的西餐厅氛围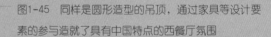

▲ 图1-46　波浪形的吊顶在诉说浪漫的咖啡厅情怀

图1-47　线与面组织的造型在简洁中透着
高雅，通过繁星式的射灯辅助，把酒店宴
会厅映衬得辉煌无比

▲ 图1-48 以红、黄、白三色为主打颜色，使酒店会议室在热烈中蕴含理性

▼ 图1-49 以建筑原有框架造型创意为切入点，在顶面的造型
中进行体现，为酒店多功能厅营造出理性与活泼并存的氛围

▲ 图1-50 以白色为主调的酒店美容美发厅

▼ 图1-51 运用现代家具的陈设效果展示现代气息的总统套间

图1-52 用空间构成式
的手法，运用色彩的组
织形式使酒店健身房透
露着清爽、惬意

图1-53 酒店电梯间厚
重的色彩组合与抽象图
纹相辅相成

图1-54 采用节奏与韵
律的设计原则使客房过
道充满了音乐元素

（十一）休闲娱乐健身空间

休闲娱乐是与工作相对的概念。休闲娱乐空间就是人们工作之余活动的场所，是人们聚会、交友、用餐、欣赏表演、放松身心和进行情感交流的场所。休闲娱乐空间在形式上会随着时代的变迁而不断改变。从古时人们围绕着篝火席地而坐到近代的欧洲酒吧，直至现代的歌舞厅、KTV、网吧等休闲娱乐场所的兴起，人们的生活质量在不断提高，对空间的审美需求也在不断地产生新的方向（如图1-55至图1-59所示）。

健身空间的内容丰富，形式多种多样。我国目前主要有俱乐部、保龄球馆、桌球室、健身房等（如图1-60至图1-62所示）。

▲ 图1-55　以弧形为主要造型元素的洗浴池体现了柔性之美，辅之以淡淡的灯光色彩变化

▲ 图1-56　花瓣形的吊灯设计直截了当地点明了"女性"这一空间主题

图1-57　（效果图）古典装饰画、壁画与现代感强烈的电视背景造型形成鲜明对比，使酒吧包间成为充满了艺术性的矛盾体

图1-58　灯光使用的奇妙效果在KTV包厢中尽显风采，特殊材质的参与更显环境的热闹

图1-59 间接光源设计营造出网吧的宁静氛围

▲ 图1-60 保龄球馆的墙面体块造型内暗藏灯光形成间接光源，与顶面的灯光造型相互映衬

▲ 图1-61 设施完善、功能分区合理的现代化健身房里，清漆杉木做成的瑜伽训练房

立面材质的肌理

顶面淡蓝色

图1-62　立面材质的肌理效果与顶面淡蓝色合围成深远意境的泳池环境

第三节
公共空间设计的发展趋势

一、影响公共空间设计发展的主要因素

随着时代的发展，人们对空间设计的要求也朝着多元化方向发展，但归纳起来主要因素如下。

（一）功能与实用

自从有了建筑，人类便有了避风遮雨的人造空间环境。人们盖房子，总是为了一种具体的使用目的和要求，这就是"功能"，建筑是为了一种明确的使用功能而建造的。随着物质生产技术的进步以及文化的发展，建筑除了能满足人类的基本生存需要外，还必须为人类的各种行为活动提供适宜的空间场所。于是，各种类型的建筑相继产生，如宫殿、庙宇、教堂、府邸等。工业革命以后，随着社会生活内容的日趋丰富，满足新的需要的功能性建筑也大量产生，如工业建筑、办公室、博物馆、展览馆、商业中心、学校、体育场馆、火车站、航站楼等。建筑的价值不是围成空间实体，而是空间本身，**即室内空间本身需要体现建筑的使用价值。**

空间设计要满足使用功能要求。空间设计要以创造良好的空间环境为宗旨，把满足人们在空间内进行生产、生活、工作、休息的要求置于首位。所以在进行设计时，设计师要充分考虑使用功能的要求，使空间环境合理化、舒适化、科学化；要充分考虑人们的活动规律，处理好空间关系、空间尺寸、空间比例；要合理配置空间设备，妥善解决通风、采光与照明问题，注意空间色调的总体效果。

1. 功能与空间

做空间设计首先要考虑功能与空间的尺度，如空间的结构体系、楼面的板厚梁高、风管的断面尺寸以及水电管线的走线和铺设要求等。虽然有些如风管的断面尺寸、水管的走向等，可以与有关工种协调做出调整，但仍然是空间设计中必要的依据条件和制约因素。例如，中央空调的风管通常设置在楼板底下，计算机房的各种电缆管线常铺设在架空的地板内。

2. 功能与平面

人在空间中的行为特征表现为"动"与"静"两种状态。"动"主要表现为人从一个空间到另一空间的行为过程，"静"则主要表现为人在一个空间环境中相对固定的行为活动。因此，"动"与"静"的关系表现在平面方案中就转化为交通面积与有效使用面积两种空间形式之间的关系。平面分析草图主要解决平面的功能分区、交通流向、家具位置、陈设装饰、设备安装等有关空间设计的功能重点问题。在同一空间环境中，有时各种因素相互之间会产生各种矛盾，平面功能布局就是协调这些矛盾，使空间得到最佳利用，并能够很好地规划人在空间中需完成的各种行为（如图1-63所示）。

▲　图1-63　在设计中，平面布局影响整个空间环境的设计，不规则的平面造型组织成带有自然风韵的游泳池

3. 功能与人

一切设计的最终目的是为了人的使用，"一切为了人"是设计的根本出发点。空间设计是为人创造空间环境的活动，所以，"人"是一种尺度。人体的尺度，即人体在空间中完成各种动作时的活动范围，是设计师确定诸如门扇的高度和宽度、踏步的高度和宽度、窗台阳台的高度、家具的尺寸、相间距离以及楼台、室内净高等最小高度的基本依据。

人性化是评判设计是否合理、是否实用的一种标准，一般需要考虑以下两个方面的内容。

首先是人体的尺度和动作所需要的尺寸和空间范围，如人们交往时符合心理要求的人际距离，以及人们在空间通行时，各处有形无形的通道宽度。

其次是从人们心理的角度考虑，要满足人们心理需求的最佳空间范围。

（二）精神与审美

空间设计也要满足人们一定的精神需求。空间设计在考虑使用功能需求的同时，还必须考虑精神功能的需求。空间设计的精神就是要影响人们的情感，乃至影响人们的意志和行动，所以设计师要研究人的认识特征和规律，研究人的情感与意志，研究人和环境的相互作用，要运用各种理论和手段去影响人的情感，使其达到预期的设计效果。空间环境如能突出地表明某种构思和意境，那么，它将会产生强烈的艺术感染力，更好地发挥其在精神功能方面的作用（如图1-64所示）。

1. 形式美的法则

（1）多样与统一。

多样与统一是形式美的总法则。多样与统一是指形式组合的各部分之间要有一个共同的结构形式与节奏韵律（如图1-65所示）。

图1-64 洁白的大理石柱子与地面拼花在表现材质美的同时，也让人感受到刚毅的精神内涵。符合视觉规律与使用性的大堂设计满足了设计需求。造型设计、平面布置和改造、功能区域的划分是室内设计的根本，建筑形体已经成为设计的空间构架，形体的穿插与材质的合理运用营造出大堂氛围

图1-65 欧式的陈设风格、展览式的灯光运用、现代的材质使用，这些看似杂乱无章的要素，都统一在后古典氛围中

（2）韵律与节奏。

节奏是韵律形式的纯化，韵律是节奏形式的深化。节奏富于理性，韵律则倾向于感性。形状重复、远近重复、方向重复等方式均能产生节奏感。韵律有极强的形式感染力，能在空间中造成抑扬顿挫的变化，强弱、远近变化的韵律形式能打破单一沉闷的环境，满足人们的精神享受（如图1-66所示）。

图1-66 取意于中式南方花窗的造型花纹，在空间中重复使用，使其形成韵律，而其空间位置的变化又能自然形成节奏

（3）对比与调和。

对比是指造型中包含着相对或矛盾的要素。调和是一种和谐的状态，既是造型的基本要求，也是视觉语言表达的基本方法（如图1-67所示）。对比与调和相辅相成，过分的对比会造成视觉错乱，过分的调和又会造成设计作品的平庸、单调。

图1-67 以白色统领环境，在空间中点缀些石材与装饰画，使空间既统一又有变化

41

图1-68 园林式的拱形门洞完全对称，同时，在材质与色彩使用上又遵循了均衡的原则

（4）对称与均衡。

对称与均衡是形影相随的。对称是一种左右、上下完全对等的造型形式，均衡则有些动态感（如图1-68所示）。

2. 时代的审美倾向

随着信息社会的发展，单纯的科技主义文化已经不能满足人们的精神文化的要求。设计已经变成了一种融合科技与艺术的综合学科。新的设计形态已出现在我们的生活中，设计的产品也成了一种时时变化的东西。变革是持续不断的，设计也是在不断变化的，通过产品，设计师可以与使用者进行互动式的交流。人类科学与文化都在进步与革新，对于作为艺术与科学、物质与精神、人与环境和谐之纽带的设计艺术，"变"是永远不变的法则（如图1-69所示）。

3. 使用者的个体审美需求

每个空间的使用者或每一种空间的使用群都会存在自身的审美差异。在进行设计时应该充分考虑审美的变化和客户对审美的要求（如图1-70所示）。

4. 设计师个人的风格特征

设计师是美的创造者和表现者，设计师个人的文化修养、专业修养决定着设计作品的优劣。设计师应该具有个性，不能人云亦云（如图1-71所示）。

图1-69 冷峻的玻璃、洁白的顶面与有动态感的石材肌理组合成的空间符合当代人的审美取向

▲ 图1-70　根据客户审美需求设计的过
道，在现代氛围中融入了自然要素

▲ 图1-71　大胆使用线形钢材与石材形成材质品质上
的对比，体现出设计师的审美倾向和个人的设计风格

（三）结构与技术

空间设计在满足了使用功能和精神审美
原则的同时，还必然要涉及结构和技术。因为
任何空间都是由一定的物质材料所组成的，而
一定的物质材料又受到相应施工工艺和结构技
术的制约和影响。"实用""坚固""美观"在两
千多年前就被建筑家列为好的建筑标准，室内
空间更是这样，不仅要使用合理，而且要赏
心悦目，同时更要安全舒适。"坚固"被列在
"美观"之前，这足以说明结构与技术的重要
性（如图1-72所示）。

图1-72　以清水混凝土为主要造型元
◀ 素的综合办公楼廊道设计，在充分展
示建筑结构美时也展示技术的成熟性

43

二、公共空间设计发展的主要趋势

（一）生活艺术化、艺术科技化，打造智能空间

越来越多的人意识到要把人从生活环境中解放出来，寻求与各种物体之共存，达到人与人、人与环境、环境与环境之间的真正和谐。一方面，空间设计是整体艺术，是对空间、形体、色彩、人类、感情、功能关系的综合把握，它在艺术风格上追求变化，在功能上要满足人类不断变化发展的生活需要；另一方面，空间设计必须同时代的科技相结合，利用同时代的最新材料，营造具有时代特点的现代化智能空间。

（二）体现现代化，强调"人性化"健康空间

客观的物质条件，会直接或间接地对人类自身造成影响，会对人类的肌体、精神形成有益或有害的作用。随着人类对自然界认识程度的不断提升，"以人为本"的原则越来越多地被用在满足人们物质与精神的需求上，反映在人们对居住环境的要求上，就是要有一个健康的空间，即能够促进人类不断发展与完善，有利于人类身心健康的空间。

一个健康空间应该满足以下五个方面的基本特征。

1. 有利于人的全面发展

健康空间的空间尺度、容积应能够满足人类生活、学习、工作的要求，使各项使用功能得以实现。环境的容量、设施的配置、色彩的表现等，都要有利于人的身心健康和舒适生活。一个健康的空间首先应是一个体量充足、流程科学合理、环境舒适、能够充分挖掘人的潜能，使人在文化、艺术、道德等方面的修养不断提高与完善的空间，也就是"以人为本、功能为先"。

2. 最大限度地利用自然资源

光、热、水、空气等一切自然资源都能被充分、合理利用，也就是我们现在常说的节能的空间，这是降低建筑物整体成本的最基本途径。建筑物的初始建造成本只占总成本的2%，而使用成本却占98%，充分利用自然资源能够有效地控制与降低使用成本，减少人类对大自然的索取，这是人类进步的重要体现。只有合理地利用自然界的资源，尽可能多地使有限的资源循环使用，才能降低资源的消耗，提高自然资源的利用效果，实现人类的可持续发展目标。

3. 对自然环境具有极强的亲和力

对自然环境具有极强的亲和力指的是，在空间使用材料的获取上不对人类赖以生存的自然环境造成破坏，不对自然界进行掠夺式的开采、开发，必须对其进行科学合理的开发和充分准确的利用，以保持生态平衡。同时保证废弃的材料不会对自然界造成破坏，要在空间环境的装饰装修中使用可降解的，可再造、再生的材料，以保持生态平衡和自然环境的质量，这将对人类的长远生存与健康产生巨大的、持久的影响。

4. 安全无污染

安全无污染是对空间环境质量的要求，即空气中的有害物质含量、辐射、粉尘及噪声、波动、振动等的数量与等级在一定范围内，这主要是为了保证人的身体健康，防止有毒、有害物质对人类肌体及器官造成直接损害，以提高人类的寿命。这也就是我们常说的绿色、环保的空间环境，这是健康空间的最低标准，是当今社会发展最基本的要求。

5. 低碳装修

2009年12月落下帷幕的哥本哈根会议，在全球气候变暖、环境污染严重、能源缺乏和经济危机的背景下，提出了低碳装修的理念。低碳生活可以理解为减少二氧化碳的排放，低能量、

低消耗、低开支的生活，从而引申为节约、不浪费、健康、自然的生活。在低碳生活受到推崇的同时，低碳装修也逐渐受到人们的关注。当今空间设计界，很多从业者已经从原来的谈学术、谈流派、谈风格转变为谈低碳、谈环保、谈科技。

（三）国际化与民族化两者兼顾，营造个性空间

空间装饰设计要符合地区特点与民族风格要求。

由于人们所处的地区、地理气候条件存在差异，各民族生活习惯与文化传统不一，建筑风格也表现出很大的差异。我国是多民族国家，各民族的地区特点、民族性格、风俗习惯及文化素养等因素的差异，使空间设计也有所不同。设计中各民族要有各自不同的风格特点，应体现民族和地区特点以唤起人们的民族自尊心和自信心。

只强调民族化，会让人故步自封；只强调国际化，会使人失去传统，失去过去。国内目前许多空间设计作品都一味体现国际化潮流倾向，这是需要我们警觉的。空间设计的发展趋势是既讲国际化，又讲民族传统的，一个较好的空间设计作品，要求传统风格浓重而又新颖，体现出民族化，又要求蕴含国际最新趋势。

本章小结

本章系统地讲述了与公共空间设计相关的基本概念、公共空间设计的发展历史、公共空间设计的基本风格、公共空间设计的发展趋势，并采用图文并茂的形式说明各小节中的知识要点。

思考练习

1. 什么是公共空间设计？其基本类型有哪些？
2. 公共空间设计风格的具体表现形式是什么？如何在设计中灵活运用这些风格？
3. 公共空间设计今后的发展趋势是什么？

实训项目

实地考察当地的某一家四星级（或以上）酒店。

考察内容：

1. 有多少个功能区；
2. 功能区划分的基本依据是什么；
3. 设计风格及其表现方式；
4. 材质使用情况及施工质量；
5. 每个空间的氛围。

考察要求：

1. 拍摄式绘制考察图片一套，包含所有功能空间；
2. 撰写完整的考察报告（在老师指导下完成）。

第二章
公共空间设计理论

本章主要讲解公共空间设计的要素、公共空间设计的原则、公共空间设计的特点、公共空间设计的程序等几个方面的内容。通过对本章内容的学习，学生应对公共空间设计有较为系统的认识。

第一节
公共空间设计的要素

公共空间设计是建筑内部空间的环境设计，应根据空间使用性质和建筑所处的环境，运用物质手段，创造出功能合理，环境舒适、美观，符合人的生理和心理要求的理想场所。环境、功能、组织形式、界面处理、色彩、材料、采光与照明、陈设品、设施设备、导向与标示为公共空间设计的要素。

一、环境要素

公共空间是处在环境中的。环境包含自然环境与人文环境。人文环境是公共空间设计艺术性的土壤，是公共空间设计具有文化传承性的保证，同时也是公共空间设计具有时代特征的根本保障。人文环境的内涵是随着社会的发展而不断变化的。自然环境是公共空间设计的物质基础和区域性文化表现的物化环境（如图2-1所示）。

当然，狭义的公共空间环境是指建筑内部的空间构成形式或者建筑界面组织情况，其要素主要有空间的大小、宽窄、高矮、布局、光线的亮与暗、区域的划分及比例与尺度、用材、色彩关系、通风与采暖、消防设施设备等。狭义的环境要素为设计提供了具体的空间形态，这些也是进行公共空间设计时需要考虑的"环境"因素。

二、功能要素

公共空间设计是一门复杂的综合学科。它不仅是物象外形的美化，还涉及建筑学、社会学、民俗学、心理学、人体工程学、结构工程学、建筑物理学以及材料学等学科领域。公共空间设计要求我们能运用多学科的相关知识，综合地进行多层次的空间环境设计。在设计手法上，则要利用平面、立体和空间三大构成形式，运用透视、错觉、光影、反射和色彩变化等原理，一方面将空间重新划分和组合，另一方面通过对各种物质构建、组织、变化、增加层次，使人们获得所期待的生理及心理反应，创造出理想的空间格调和环境氛围。

公共空间设计的功能要素主要包括使用功能与精神功能两个方面。

（一）使用功能

公共空间设计的使用功能，就是要使公共空间环境舒适化与科学化。为此，在考虑公共空间设计的功能问题时，首先要明确建筑空间的性质、使用对象、特定用途和要求。对不同的公共空间，要分别采取与之相适应的内容和方法来进行设计（如图2-2所示）。

图2-1　通过玻璃幕墙使室内外空间彼此联系，形成环境的整体性

图2-2　以线、面为主要设计元素，根据展示空间的功能进行区域划分的楼盘展厅

（二）精神功能

公共空间是人们工作、生活与学习的主要场所，对它的设计必须符合人们的心理感受。从心理学的角度去研究与分析人们的喜好与需求，可以使设计内容更加丰富、更加理想化。要达到这个目标，就要从整体出发，研究事物的主与次、强与弱、大与小、前与后、亮与暗、动与静、上与下、内与外、暖与冷、阴与阳等的相互关系对公共空间的影响。公共空间的设计具有艺术性，是指其形式原理、形式要素，即造型、色彩、光线、材质等在美学原理的规范之下，达到取悦感官、愉悦精神的作用，可以满足和体现群体的特殊精神品质和性格内涵，使人们在有限的空间里获得无限的精神感受。公共空间设计时可以通过形体、图案、文字、景物、色彩、材料质感等方面，诱发人们去联想，使人透过知觉直接去把握其深刻的内涵，从而达到认知与情感的统一。设计师应力图使空间设计有引人联想之处，还要给人以启示、引导，从而增加公共空间环境的感染力（如图2-3所示）。

图2-3 通过脸谱在视觉中心的表现，辅以方格背景，典型的中国传统文化氛围跃然而出。运用中式家具与具有中国传统特色的装饰品进行空间设计，传递出中国文化的人文关怀

三、组织形式

公共空间设计的空间体系是根据功能的需要建立起来的，通常会运用各种手法进行空间形态的塑造，其主要依据是现代人的物质需求、精神需求与技术的合理性。常见的公共空间形态有封闭空间、虚拟空间、弹性空间、子母空间、下沉空间、地台空间、序列空间等（如图2-4所示）。

图2-4 以廊道、护栏、隔断为空间划分要素，在保证人流合理分配的同时，还增强了空间的虚实变化

（一）公共空间主次的组织

根据公共空间的使用性质确定其空间功能，公共空间的功能又有主次之分。公共空间设计时要根据其使用要求来安排室内空间，确定人们在空间内活动时的主要空间和从属空间，即明确空间的主次关系，并通过这种主次关系来划分设计的重点。

例如，售楼中心以服务总台为设计主体，用接待区、展示区、休息区等功能区共同营造空间氛围。

（二）公共空间的分隔组织

公共空间的组织是以使用要求为目的来进行空间划分的。空间的划分又是通过各种界面（实体面、意象面）的分隔来完成的。公共空间的组合是其设计的基础，空间各组成部分之间的关系主要是通过分隔的方式来决定的。空间的分隔不仅要考虑技术问题，同时也要从艺术的角度、从分隔的形式去考虑。公共空间的分隔形式可分为以下四类。

1. 绝对分隔

绝对分隔是指用限定度很高的界面分隔空间，使被分隔出来的空间具有十分明确的界限，空间是完全私密的，具有良好的隔声隔光效果，阻隔视线、安静，具有抗干扰能力，但活动性差（如图2-5所示）。

2. 象征性分隔

象征性分隔是指利用天棚、地面的高低变化或色彩、材料的变化，或利用低矮的面、罩、栏杆、花格、物架、玻璃等通透的隔断，或利用家具、绿化、光线、悬垂物、气味等因素分隔空间。这种分隔方式空间限定度低，空间界面模糊，使空间划分产生隔而不断的心理效应，流动性强，具有象征性，空间层次丰富（如图2-6所示）。

▲　图2-5　包厢之间的绝对分隔方式保证了其空间使用的独立性

▲　图2-6　利用绿植与界面的色彩变化对空间进行分隔，在大的空间构成中融入小的观赏空间

3. 局部分隔

空间限定程度的强弱是由界面的大小、材质、形态等来决定的。局部分隔介于绝对分隔与象征性分隔之间，对空间的界定是不明确的（如图2-7所示）。

4. 弹性分隔

弹性分隔是指利用灵活多变的隔断分隔空间的形式。它根据使用的要求移动隔断来调节空间，变换空间氛围，使空间也随之或分或合、或大或小。这样的分隔方式使空间具有较大的弹性和灵活性（如图2-8所示）。

▲ 图2-7 卡位之间使用仿生竹枝隔断设计，既保证了空间的整体性，又使各卡位之间互不干扰

▼ 图2-8 可以活动的屏风在空间中可组成大小不同的功能空间

四、界面处理

公共的空间环境是由各个空间界面围合而成的。空间界面主要有顶棚、地面、墙面和各种隔断等种类，它们各自有自身的功能和结构特点。不同界面的艺术处理都要通过对形、色、光、材质等造型因素的恰当处理，通过对功能、形式、风格、流派的艺术处理，从而形成协调统一的氛围，使空间各要素之间相互衬托和对比，突出设计重点（如图2-9、图2-10所示）。

▲　图2-9　厚重的灰色与线形的造型成为隔断立面的设计　　▲　图2-10　线形的高科技产品作为顶面造型的材质，
构成，传递出深厚的文化底蕴　　　　　　　　　　　　　　展示了冷峻、飘逸的顶面气氛

（一）形状

空间的形状是由点、线、面、体等有序组织构成的。

点、线、面、体是形成空间的基础，也是公共空间设计的基本元素。它们构成了公共空间的界面，可以反映出空间的形态，体现装饰的静态感和动态感，调整空间感，提高装饰的精美程度。"点"是空间设计的基础之一，是最小的造型单位。"线"的形式主要有直线（水平线或斜线、垂线）、曲线（自由曲线、几何曲线）、分格线、锯齿线、波浪线等。"面"是指墙面、地面、顶面及隔断面的各种表现形式。面的种类和性格分别是：平面具有安定、简洁、井然有序的感觉；曲面华美而柔软；肌理面具有自然、古朴感，个性优雅，富有人情味和温暖情调（如图2-11、图2-12所示）。"体"能直观地表达空间的层次变化与造型手法的艺术特性。

（二）图案

图案是空间界面的重要装饰元素。在设计过程中选用不同的图案，会使得空间的内涵更加丰富多彩。抽象的几何图案有序排列可以使空间更加明快，活泼的动物图案可以使空间充满童趣，热烈的大花图案可以使宴会厅更加喜庆。装饰图案具有烘托气氛，也具有表现设计主题的作用（如图2-13所示）。

▲ 图2-11 线与面的色彩构成打造出
色彩斑斓的空间环境

▲ 图2-12 线构成方式的统一与变
化使空间在宁静中略带动态感

▲ 图2-13 墙面剪纸图案的应用，打破了空间的沉闷

1. 图案的作用

色彩鲜明的大图案能使界面前移，产生空间缩小的感觉；色彩淡雅的小图案则可以使界面后退，产生空间扩大的效果；带有水平方向的图案在视觉上使立面显宽；带有竖直方向的图案在视觉上使立面显高。图案的使用可以富有动态感和静态感的变化，网状图案比较稳定，波浪状图案则有运动感。图案可以给空间带来丰富多彩的变化和某种特定的气氛（如图2-14所示）。

2. 图案的选用

根据空间的大小、形状和用途，在使用图案时应对图案进行有针对性的选择和运用，使装饰图案与空间的使用功能和精神功能一致。例如，公共空间中选用的图案应与这个空间的性格相吻合，以一种图案为主，配合与之近似的图案，形成同一风格的图案系列，以追求整体风格的统一（如图2-15所示）。

▲ 图2-14　运用冰雪的自然肌理效果组成主要隔断的立面与顶面，营造出冰天雪地的自然氛围

图2-15　在线与线的组织构成中，随意组织的花窗图形诉说出北方农村情怀 ▶

（三）质感

材料的质感是材质给人的一种综合的感觉与印象。它包括材质的粗糙与光滑、软与硬、冷与暖、光泽度与透明度以及弹性、肌理等。材料的质感可分为自然质感和人工质感两种，它们都是经过视觉和触觉感知后产生的心理现象，不同的质感能够使人产生不同的联想。

1. 材料的性质要与空间界面的功能相吻合

不同的空间界面对材料的要求不同，不同材料的质感也不一样。地面是人活动时直接接触最多的一个界面。公共空间设计的地面材料要求具有耐磨性、防滑性、隔声隔热性等。地面的材质、色彩、图案和构成形式直接影响空间环境气氛，选用不同质地和表面加工的材料，能给人不同的感觉。石材类，光滑、整洁、精密、坚硬、纹理清晰；木材类，自然、亲切、冬暖夏凉；地毯类，柔软、有弹性、图案丰富、高贵、华丽；清水砖，古朴、自然；PVC卷材类，柔软、光滑、使用方便。同时，装饰材料的质感还能创造不同的空间氛围。装饰材料的选用应最贴切地体现空间的性格，使两者和谐统一。如庄严的空间可选用石材、金属和木材的组合，休闲的空间适合选用织物、竹、木等软质材料的组合（如图2-16至图2-18所示）。

▲ 图2-16　大理石的装饰墙面在展示自然肌理
的同时，把石材的质朴、纯真也融入了环境

▲ 图2-17　清水砖饰面与明清太师椅、博古架
一道诠释了质朴与自然

▲ 图2-18　墙纸的细腻与构成墙纸内容的花纹
的韵律相辅相成，共同营造出温馨的环境

2. 充分展示材料的内在美

不同的材料有不同色彩、纹理、图案等，设计师在公共空间的设计中可以充分运用材料的这些性质等体现设计的美感与氛围（如图2-19所示）。

图2-19　清水砖的纹理自然、流畅，展示着悠远、素雅与宁静

3. 注重材料的质感与面积和形状的搭配关系

在公共空间的设计中，设计师在材质、材料的选用上要遵循对比与统一的原则。例如，若选用水曲柳来装饰公共空间，因为水曲柳有自然肌理，并且色彩较浅，所以大面积使用的话空间会显得比较花，并且缺少重量感。紫檀木的色彩比较深，如果在小空间大量使用会使空间有缩小的视觉感，人们待在这样的空间里会有压抑感。因此，公共空间设计应该按照点、线、面、黑、白、灰及色相的性质与材质的性质进行（如图2-20、图2-21所示）。

图2-20　立面与隔断都用清水砖饰面，中灰色的地面与之相互映衬，灰色调的环境中散发出优雅、清淡的格调

▲ 图2-21 清水砖与灰色花岗岩把中式餐厅的氛围打造得淋漓尽致

4. 材质要与空间的功能相统一

不同使用性质的空间，必须使用与之相适应的材质和与其性能匹配的材料。例如，不能用大理石来装修顶面，除了不安全外，施工也比较麻烦；不能用石膏板装修卫生间，因为卫生间湿气较重，石膏板会吸收空气中的水分导致膨胀变形。

五、色彩设计

在公共空间设计中，色彩占有重要的地位。空间效果是富丽堂皇、艳丽多彩或是简约自然、淡雅清新，不但与家具、陈设的多少和款式等有关，而且还与墙面、地面、顶面的色彩以及家具、陈设、织物、灯光的色彩有关。公共空间设计中所涉及的空间处理、家具、设备、照明灯具等各个方面，最终都要以形态和色彩为人们所感知。形态与色彩不可分离，形态再好，如果没有好的色彩来表现，就难以给人美感；反之，空间形式、家具和设备的某些欠缺可以通过色彩处理来弥补和掩盖。色彩也是一种最实际的装饰因素，同样的家具、陈设、织物等，施以不同的色彩，可以产生不同的装饰效果。因此在公共空间色彩设计中要注意掌握以下几个方面。

（一）色彩的象征性

色彩的象征性是根据人们的生活习惯与心理感受来确定的，不同的色彩给人的感受是不一样的。

1. 红色

红色象征着热情、热烈、喜悦、吉祥、活跃，可使人想到危险、动乱，同时也让人联想到温暖，它是彩度最高的颜色。在公共空间设计中多用于门面招牌、宴会厅的地毯和空间装饰品，各种娱乐场所也常用红色。红色也象征着古老与热情，是许多民族所推崇的色彩。在中国，红色是喜庆、吉祥的象征；在西方，红色则是暴力、血腥的象征（如图2-22所示）。

2. 橙色

橙色是丰收之色，象征明朗、甜美、温情和活跃，具有华美、广大、强烈的品质。它比红色轻快，有一种活跃的动态感，同时又有一种柔美感。它是黄、红的合成色，有光明、活泼之感，如果从味觉联系上来分析似有丝丝甜味，容易使人联想到水果的芳香，因此在空间设计中，多数中餐厅喜欢用橙色的台布。当然橙色也同样广泛地应用于娱乐场所。在中国，橙色一般作为喜庆的颜色，同时也是高贵、快乐、幸福的象征。

3. 黄色

黄色给人暖和、广大、轻快、华美、干燥、强烈、锐利、愉悦之感，是古代帝王的服饰和宫殿的常用色。它能给人以辉煌、华贵、威严、神秘的印象，可以象征皇权的尊严，所以黄色给人一种威严感。在空间设计中纯黄色使用很少，往往只做点缀，非常淡的黄灰色才可在装饰中使用，大面积使用土黄之类的色彩，会产生一种枯萎的病态感，这点应引起设计师的注意（如图2-23所示）。

4. 绿色

绿色是大自然色彩的基调色，它不刺激眼睛，能使眼睛得到休息。植物的绿色能给人带来怡人的景观，使人联想到新鲜的空气，是清新、纯净、春天、生命的象征。

绿色通常给人带来的心理感受是健康、青春、永恒、和平与安宁。严格地讲，绿色也是冷暖两种色彩的中间色彩，大自然的春天是绿色的世界，草地和树叶等都是绿色的，所以家庭装饰和办公室等公共场所的装饰都喜欢使用绿色，近几年市场还出现了粉绿色的沙发。把绿色引进人们的生活环境，可给公共空间带来一派生机。绿色的具体联想有：树木、林荫、青山碧水、春天。绿色的意义联想有：生命、生长、和平、青春、希望、安定、惬意、凉爽等（如图2-24所示）。

5. 蓝色

蓝色容易使人联想到蓝色的天空白云飘，蓝色的海洋一望无边等意象。蓝色是天空和水的颜色，它给人一种凉爽的、潮湿的、锐利的、坚硬的、收缩的、沉静的、纯洁的、安宁的、理智和理想的、品格高尚的、沉重的感觉，但也容易引起阴冷、寂寞等情感。蓝色在公共空间设计中运用很广，往往用在朝南的房间，因为南朝向的房间光照较强，用蓝色可以使人感觉凉爽。许多办公室、冷饮室等都喜欢使用偏蓝的色调，因为它可以给空间带来凉爽、淡雅与安静的气氛。此外，蓝色还可以象征公正严明。蓝色的具体联想有：蓝天、海洋。蓝色的意义联想有：清爽、深远、永恒、安宁、宁静、高效、博大、忧郁等（如图2-25所示）。

▲　图2-22　以红色为主调充满热情的餐厅设计

▲　图2-23　黄、黑搭配的室内空间设计着重传递出
高雅、华丽的主旋律

▲　图2-24　以绿色为主调，充满清新生命力的公共
空间设计

▲　图2-25　蓝色的运用使室内空间显得十分宁静

6. 紫色

紫色通常与夜色和阴影联系在一起，中国古代的将相也常将紫色用于服饰。它可以使人联想到高贵、古朴庄重、神秘，也可以使人联想到疲劳、忧郁和阴暗。紫色是半冷半暖的色彩。偏红的紫色具有柔软、温暖、华美的感觉；偏蓝的紫色具有坚硬、收缩、沉重的感觉。在公共空间设计中很少用纯紫色来进行装饰，这种颜色在空间装饰中宜慎重使用，紫色在空间中的运用会使空间显得雍容华贵。

7. 黑色

黑色属于无彩系列，它明度最低。纯黑色易使人联想到黑夜，但是又有稳重感，在空间设计中大面积使用黑色将给人一种"哀伤"的感觉。但它与高明度和高彩度色彩配合使用可以起到提醒作用。黑色为全色相，与其他颜色配合能增加刺激感。黑色又为消极色，它给人的是黑夜、沉默、严肃、死亡、罪恶、压抑等心理感受。黑色与白色分别代表着色彩世界的两极。黑色意味着空无，象征永恒的沉默与高贵、稳重的品质。黑色是永远的流行色彩，黑色的搭配适应性极强，无论何种色彩，尤其是高纯度色彩与其搭配都能取得良好的效果。黑色的象征意义有：庄重、严肃、永恒、高贵、稳重、深沉、神秘、死亡、恐怖等。黑色与紫红色的搭配对比强烈，运用在门面做招牌能起到吸引顾客的作用（如图2-26所示）。

8. 白色

白色为全色相，明度最高，能满足视觉的生理要求，与其他色彩混合均能取得良好的效果。白色使人联想到洁白、纯洁、朴素、神圣、光明、失败等。白色是光明、纯洁与神圣的象征。在西方，白色是上帝的颜色，也是教皇的礼服色。白色也是婚礼服的主色，用于显示爱情的纯洁。而在中国的传统文化中，白色则是丧葬的象征色，表示对死者的哀悼和缅怀。白色可以和其他任何颜色搭配，在空间设计中较暗的房间的墙面、顶面多数使用白色，在众多高彩度的色彩中多数采用白色与黑色来调和。大面积使用白色时，又有贫乏和空虚之感。为了解决这一问题，设计师常用家具、窗帘、灯光等陈设来调节。白色的具体联想有：冰雪、光、白云、白纸、白帆。白色的象征意义有：纯洁、洁净、明亮、朴素、空灵、轻盈、飘逸、冷清等（如图2-27所示）。

▲　图2-26　黑、白两色的运用使空间里充满素雅、别致、悠远、淡泊

▲　图2-27　以白色为基调的单人标准间让人联想到飘逸、俊雅与宁静

9. 灰色

灰色介于黑色与白色之间，也属于永远的流行色。灰色具有柔和、高雅的意象，属于中性色，在绘画色彩中较常用。在商业设计中使用灰色，大多利用不同的层次变化搭配其他色彩才会避免单调沉闷、呆板的感觉。在现代装饰设计中，高级的黄灰、红灰、蓝灰、绿灰等使用较多。在装饰中，一些非红、非绿、非蓝，但又有红、绿、蓝等色彩倾向的色彩会被经常使用。灰色在公共空间设计的墙面乳胶漆方面使用最广，其装饰追求一种和谐性。灰色是设计中值得推广的颜色。灰色的具体联想有：金属、岩石、面料、高科技。灰色象征：柔和、高雅、朴素、淡雅、沉闷、呆板（如图2-28所示）。

10. 金、银色

金色为暖色，银色为冷色，它们具有一定的光泽，目前在装饰行业，一般使用金属粉来制作金、银色，这会使其更加光亮。现代追求的新古典主义风格，经常使用该华丽色。金、银色一般用于雕花柱和雕花石膏线中，它给人一种高雅华贵、金碧辉煌之感。另外，它们还能与其他颜色调和，在高彩度色彩难调和时，可以使用金、银色，使色彩搭配更加协调。

（二）色彩设计的整体性

公共空间设计中的色彩设计要有整体性观念。色彩设计的整体性就是指在设计中要有一个主要的色调，也就是我们通常所说的基本色调，每一项设计都必须有一个基本色调。公共空间设计中的色调大体分为三大类：暖色调、冷色调和中性色调。主要的色调并不是素描色，也并

图2-28　地面的紫灰色与顶面的灰色的搭配使整个空间更加协调统一

不是指用单一色去表现。主要的色调是要反映出空间的冷暖、性格和氛围。面对大型设计，首先应该使主调贯穿整体的公共空间，然后再考虑局部的对比和变化。由此可见，主调的选择是一个决定性的步骤。主调要力求反映设计的主题，即通过主调色彩达到设计要想表达的效果，是典雅还是华丽，是安静还是活泼，是纯朴还是豪华。

有时色调设计的整体性单靠一种或两种色彩来表达是做不到的，要靠多种色彩的有机搭配。色彩搭配的具体方法有类似搭配和对比搭配两种。

1. 类似搭配

类似搭配强调色彩的一致性，追求色彩关系的统一。类似搭配包括同一搭配与近似搭配两种形式。设计师可以从图2-29所示的色相环中寻找搭配关系。

（1）同一搭配。

同一搭配又分单性同一搭配与双性同一搭配两种。

① 单性同一搭配。

单性同一搭配的类型有同一明度搭配（变化色相与纯度）、同一色相搭配（变化明度与纯度）和同一纯度搭配（变化色相与明度）。

设计师也可以通过变化材质的明度与纯度，使空间色彩在统一之中又具有微妙的变化。

② 双性同一搭配。

双性同一搭配的类型有同色相、同纯度搭配（变化明度），同色相、同明度搭配（变化纯度），同纯度、同明度搭配（变化色相）（如图2-30所示）。

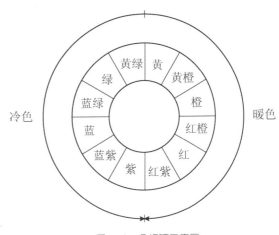

图2-29　色相环示意图

图2-30　在界面的处理中，变化材质的纯度，以立面与顶面的造型及色彩主宰着空间氛围

（2）近似搭配。

近似搭配的类型有近似色相搭配（变化明度与纯度）、近似明度搭配（变化色相与纯度）、近似纯度搭配（变化色相与明度）、近似明度、色相搭配（变化纯度）、近似纯度、色相搭配（变化明度）和近似纯度、明度搭配（变化色相）。

以上同一搭配及近似搭配都应遵循整体与局部、统一中求变化的原则，设计师要依靠这些原则来处理色彩搭配的问题。

2. 对比搭配

在公共空间色彩设计中强调整体性是非常必要的，但过于强调整体性而没有变化，空间就会比较单调、缺乏灵魂，无法创造公共空间氛围。要想让公共空间设计色彩丰富，就必须要有色彩对比的搭配。在公共空间设计中强调变化而形成的色彩关系称为对比，在这个过程中，色彩三要素可能处于对比状态，所以空间效果会更加活泼、生动、鲜明。若要达到既变化又统一的和谐美，不能仅靠要素的一致，而要靠某种组合、搭配的次序来实现（如图2-31所示）。

（1）互补色搭配。

互补色即色相环上位于对侧的两种颜色，其中一个为原色，另一个为复色。对比色令空间生动，能够很快引起人的注意与兴趣。但采用对比色必须慎重，其中一色应始终占主导地位。过强的对比色有令人震动的效果，可以用明度来"淡化"，使原本强烈的对比关系得以缓解，获得相对平静的效果（如图2-32所示）。

▲ 图2-31 通过色调的对比使酒
店大堂的色彩运用与空间环境
达到统一

▲ 图2-32 在空间环境中运用紫色
与黄色补色对比关系的调和性

（2）几何色搭配。

三角形协调：在色相环上寻找等边三角形或等腰三角形，利用对比色中一色的相邻两色所形成的三种颜色，称为分离互补色。如红色与黄绿色、蓝绿色搭配，能加强红色的表现力。如选择橙色，它的分离互补色是蓝绿色和蓝紫色，这三种颜色搭配就会使橙色的地位得以提高（如图2-33所示）。

四边形协调：在正方形或矩形在色相环上的相关位置，寻找四色对比的协调关系，也称为双重补色协调，即两种对比色同时运用。这在较小空间内容易造成混乱，在大面积的空间中，为增加其色彩变化，也是一种不错的选择，使用时也应注意它的整体性。

（三）色彩设计的节奏性

公共空间的色彩使用和音乐一样要讲究节奏和韵律，也就是相同和相似色彩有条理地反复配置。形式美法则中的节奏就是有秩序、有规律地重复出现。同样，公共空间色彩节奏感的表现也类似音乐中的节拍。音乐是听觉的流动，色彩则是视觉的流动。公共空间的色彩节奏是整体的，不仅包括构成空间环境的地面、墙面、天花板、门窗、栏杆之间的相互色彩关系，同时也包括空间所配置的众多物件之间和建筑内部环境之间总体上和谐的节奏关系，如家具、窗

图2-33 蓝绿色的窗帘作为点缀，使黄色在环境中地位更加突出

65

帘、地毯、陈设品、织物等色彩的节奏搭配。节奏手法的运用除了色彩要素外，还有形状、大小、材质、肌理、光线等要素的参与。它们共同形成了更加丰富美妙的色彩音乐，使环境在视觉上与心理上给人以美的秩序和律动感。

（四）色彩设计的层次性

在公共空间设计中，色彩的层次感是设计师不可忽略的一部分，色彩的层次感会使得空间环境具有更加丰富的内容。建筑元素中的墙面、天棚、地面都是大块面的内容，处理好这些大块面至关重要，大块面决定了公共空间设计色彩的整体色调。一般来说，这些色块的处理应该是比较微妙的，也应该比较慎重。如果处理不好，会给人带来不舒适感，使人坐立不安、心情烦躁。因此，设计师应该多注意和谐色彩因素的使用（如图2-34所示）。

在空间色彩设计中，除了考虑大块面之外，还要充分考虑到中等块面的用色，如窗帘、家具、地毯、工艺品陈设等物品的色彩。同时，要考虑到环境中的中度对比关系，不能有太强的对比关系。为了解决此类问题，可以在同类色中寻找色彩对比，也可寻求明度与纯度的比较。这种对比关系会使空间环境的色彩层次更加细腻，既有对比又有统一。同时，也不能一味追求

图2-34　在深灰色占主导地位的环境中，蓝色、紫色、白色等颜色的加入使空间的色彩在统一中展示出环境色彩的丰富性。黑色与白色在空间里反复运用，既划分了空间，又增添了环境的韵律感

统一而在环境中使用单调的颜色，这样会使空间色彩失去层次感，令人感到比较乏味。小色块设计得好也能产生美妙的情趣。此外还要考虑灯光的色彩设计，人对光的色彩比对物的色彩更加敏感，空间设计要充分利用光色来调节色彩的层次，强调环境的和谐（如图2-35所示）。

（五）色彩设计的个性

色彩设计的个性形成是设计师通过长期个案的设计处理与自觉的追求，经过长时间的经验积累而探索出来的一套配色方法。因此，色彩设计的个性风格是与设计师个人的文化修养和对色彩的认知程度分不开的，它不是一朝一夕、苦思冥想能够得来的，概括起来有以下几个方面的内容。

（1）大量色彩设计案例的配色总结。

（2）不与别人雷同，独特的设计风格。

（3）别具一格的个性修养与自身气质体现。

图2-35　红色的介入使沉闷素雅的环境变得生动活泼

67

（六）色彩设计的方法

公共空间色彩设计的方法就是以色彩设计的基本原则为基础，运用色彩知识和综合实践能力完成具体的公共空间色彩设计方案。空间色彩设计应包含空间界面、家具、陈设、绿化等空间设计所涵盖的所有色彩内容。

1. 色彩设计程序

公共空间色彩设计作为装饰设计的一个组成部分，其设计贯穿于空间设计构思和方案设计的全过程。

① 确定色彩主基调。

② 色彩选择的步骤主要有三个方面：界面色彩设计选择、家具色彩设计选择、陈设色彩设计选择。

2. 具体部位色彩选择

地面色彩的选择宜采用低明度、低纯度的颜色，它可以使空间有一种稳定感。另外，地面是最易被破坏和积尘的界面，深色有助于减少视觉上的污染。但是地面色彩选择也不是一成不变的，应与空间的大小、地面材料的质感结合起来考虑。在宾馆、商场等大空间可用深色花岗石。用浅色石材时，可考虑再用一些深色石材与之配合使用，使地面色彩更加丰富，地面图案更具美感。在小空间里，深色的地面会使人产生空间狭小的感觉，要注意提高整个空间的色彩明度。在地面做多种色彩组合时一定要慎重，选择不好会造成不必要的视觉混乱。

顶棚色彩宜采用高明度的色彩，这是由于浅色调的顶棚可以给人带来轻盈、开阔、舒畅的感觉。另外，空间色彩的上轻下重符合人们的思维习惯。在公共空间设计中，白色作为顶棚首选色彩所占的比重最大，因为白色是中性色，与其他任何一种颜色都能搭配。但在设计中打破常规也是一种惯用的做法，餐厅、酒吧、休闲空间、公司办公室的顶棚也有使用多彩色或黑色的案例。

墙面与人的视线接触频繁，面积最大，是公共空间色彩设计整体性把握的关键。墙面色彩的选择很广，几乎所有色彩都可以使用，但在设计时要注意以下几个问题。

① 选择墙面色彩时纯度不宜过大，这样会使空间色彩过艳，但局部造型墙面例外。

② 多数的设计选用淡雅、柔和的灰色调，也可以考虑洁白的色调，这样的色彩容易与其他界面以及陈设的色彩相协调。

③ 墙面色彩设计还要重点考虑家具的因素，因为家具的尺寸较大，且家具的摆放常以墙面作为背景，所以在配色时应着重考虑墙面色彩与家具色彩的协调与反衬。

④ 墙面色彩的选定，还要考虑到环境色调的影响。例如，北朝向的房间由于常年不见阳光，所以宜选用中性偏暖的色彩；南朝向的房间，由于阳光照射时间长，所以宜选择中性偏冷的颜色，也可以采用中国古代的哲学思想中的五行规律进行配色。

家具的色彩要富有变化。利用家具的色彩调整公共空间气氛，这是家具设计的基本方法之一。所以家具色彩的选择，应考虑家具的材质及整个色彩环境。从家具设计本身来看，浅色调意味典雅，灰色调意味庄重，深色调意味严肃，原木色调则给人一种自然之感，另外还要考虑使用者的年龄、职业、爱好等因素。但总体来说，家具不宜过多、过杂，如可以将浅色调作为主基调，用深色家具提供辅色，则色彩明度有对比，整体色彩效果较为协调。门的色彩选择应结合墙面色彩综合考虑。通常情况下，门和墙面的色彩在明度上是对比关系，以突出门作为出入口的功能。与门组成整体的门套所用材料的色彩一般都应协调处理，这样才能使门更整体、更生动、更具有艺术性。窗的材料、色彩可参考门套等其他构件材料的色彩而定，应与公共空间设计的整体性相协调（如图2-36、图2-37所示）。

图2-36 白色的床和沙发与顶面的白色彼此呼应 ▶

图2-37 在洁白的环境中点缀些小花，增添环境的生气 ▶

六、装修材料

公共空间的装修材料主要有以下几种。

1. 墙纸、墙布

墙纸包括塑料墙纸、纺织纤维墙纸、复合纸质墙纸等，墙布包括化纤墙布、无纺墙布、锦缎墙布、塑料墙布等。

2. 石材

石材包括天然花岗石、天然大理石、青石板、人造花岗石、人造大理石等（如图2-38所示）。

3. 涂料

涂料包括各种乳胶漆、油漆、多彩涂料、幻彩涂料、仿瓷涂料、防火涂料（如图2-39所示）。

4. 墙板

墙板包括饰面板、夹板、复合材料装饰墙板等。

5. 玻璃

玻璃包括平板玻璃、镜面玻璃、磨砂玻璃、彩绘玻璃等（如图2-40所示）。

6. 金属装饰材料

金属装饰材料包括各种铜雕、铁艺、铝合金板材等（如图2-41所示）。

7. 陶瓷面砖

陶瓷面砖包括各种釉面砖、通体砖、抛光砖、玻化砖等（如图2-42所示）。

 图2-38　酒店大堂运用大理石饰面，增加其辉煌气势

图2-39　白色的墙漆使环境洁净、优雅

图2-40 在空间中使用
玻璃材质可以使环境更
显轻盈、通透

图2-41 不锈钢饰面增
添科技之美

图2-42 瓷砖的肌理效
果与重复使用可以给空
间带来韵律之美

71

七、采光与照明

公共空间若要达到理想的光照效果，简单地安装几盏灯是不够的，必须根据功能的需要，合理地使用光源，主动地对光源加以控制。

（一）散光方式的控制

通过一定的控制手段，可以让光按照人们要求的方式照射。设计师经常采用的照明方式有：直接照射、半直接照射、间接照射、半间接照射、漫射、集光束照射（如图2-43所示）。

（二）眩光的控制

眩光有两种：一是由强光直射人眼而产生的直接眩光，二是由反射光的刺激而产生的反射眩光。刺眼的眩光，其光质极差，容易伤害眼睛，使人感到不舒服，应采取一定的控制措施加以避免（如图2-44所示）。

（三）亮度比的控制

空间光环境的亮度比过大，会使人感到过分刺激和生硬，视觉不舒服。为了消除这种不适，要采取减弱亮度比的措施，如半直接照射、间接照射、半间接照射的控制方式就有减弱亮度比的作用（如图2-45所示）。

图2-43 采用直接、间接照射的方式营造空间氛围

图2-44 用水晶片组成的吊灯避免了光线的直射，使光线趋向温和

▲　图2-45　根据KTV包厢环境的需求进行的灯光设计

（四）灯的选择

目前使用的灯具有两种：一是专门提供光源的雏形灯具，如白炽灯、荧光灯、霓虹灯等；另一种就是在雏形灯具的基础上进一步设计制作的深加工型灯具，如吊灯、吸顶灯等。

1. 白炽灯

白炽灯是两根金属支架连接一根灯丝，用玻璃灯泡封闭，通过发热而发光。优点：价格便宜，通用性强，启动快，光线稳定而无频闪，光线容易控制。缺点：使用寿命相对较短，耐震性能差、眩光较强，发光效率低，消耗电的80%转变成热能，仅20%产生光。

2. 荧光灯

荧光灯是一种低压水银放电灯，呈管状，灯管内壁涂卤磷酸钙荧光粉，光的颜色变化由管内荧光粉涂层的变化控制。

3. 节能灯

节能灯是荧光灯的一种新产品，比传统荧光灯的灯管细、体量小，有H形、双曲形、双D形、双U形等。节能灯耗电量少，可以有效节省能源。

4. 吊灯

吊灯是专门使用在顶棚上的灯具，通过吊杆从顶棚垂吊下来，有单头吊灯也有多头组合吊灯。吊灯经常采用白炽灯光源，是家庭常用的灯具，在客厅和餐厅用得比较多。

5. 吸顶灯

吸顶灯也是顶棚专用灯，与吊灯不同的是，吸顶灯没有吊杆，灯头固定在底盘上，再由底盘与顶棚安装，适合较低的房间。吸顶灯也有单头灯与多头灯之分，其采用的光源有荧光灯与白炽灯两种。

6. 壁灯

壁灯是墙壁上专用的灯具，多采用白炽灯光源。散光的方式有间接式、半间接式、半直接式等。壁灯的亮度一般不高，多以装饰功能为主。

7. 其他

筒灯、牛眼灯、斗胆灯、射灯、聚光灯、LED灯、格栅灯等，可以用在家装与工装吊顶，起到局部照明与装饰作用。筒灯呈筒状，内装白炽灯或荧光节能灯。牛眼灯与筒灯类似，内有圆形装置，可以转向。射灯、聚光灯和LED灯属于集光束照明方式，有单个安装，也有几个为一组安装在轨道上。它们有聚光装置，使光线可集中照射于一处。格栅灯一般安装在吊顶顶棚，如办公室、大型商场等空间比较大的场所。

（五）照明的布光形式

1. 整体照明

整体照明形式有发光顶棚、光带、光梁、光盒、反射灯槽、点光源的满天星顶棚等几种形式（如图2-46所示）。

2. 局部照明

局部照明常和整体照明结合使用，整体照明只提供一个基本的光照，而局部照明则是单独为某个工作面或功能区提供特殊的光照，使被照部分从大空间中独立出来。局部照明比一般照明照度要高，多使用射灯、筒灯、台灯、落地灯、吊灯、壁灯等。局部照明形式经常用在商业空间物品的重点照明（如图2-47所示）。

▲ 图2-46　点光源营造的餐厅氛围

图2-47　根据空间组成设计的局部照明方式

3.重点照明

需要强调和突出显示的部位，多用重点照明。重点照明使用的灯具是集光束的聚光灯、射灯等，目的是显示物体的立体感、色彩和微妙的细节，比如墙上的字画、酒柜里的酒、珠宝店里的珠宝等。重点照明能够使物体显示得更加突出和生动，能够吸引顾客的视线让其停下来仔细地欣赏。

八、陈设品

（一）陈设品的作用

陈设品的作用有突出公共空间设计主题、强化环境风格、营造和烘托环境气氛、体现地域特征和民族特色、柔化空间环境、张扬个性、陶冶情操等。

（二）陈设品的内容

陈设品的内容主要有以下五种。

1.艺术陈设品

（1）美术作品。

绘画、书法、摄影、雕塑等美术作品，其形式独特，色彩丰富，往往包含着深厚的文化底蕴（如图2-48所示）。

（2）工艺美术品。

工艺美术品种类繁多，内容丰富，如陶瓷、玻璃、金属工艺制品、竹编、草编、牙雕、木雕、玉雕、贝雕、泥雕、面人、剪纸、布艺、面具、风筝、香包、台灯、古典银镜、花草等（如图2-49所示）。

▲　图2-48　用摄影作品组成装饰墙面，营造艺术性强的环境氛围

图2-49　陶瓷陈设品成为廊道的视觉中心，以射灯为点光源进行的照明设计突出陈设品，工艺收藏品点缀空间，使文化品位得到提升

2. 纪念品、收藏品

获奖证书、奖杯、奖章、赠品、世代相传的物品都属于纪念品。古玩、邮票、花鸟标本、狩猎器具、战利品及民间器物等都属于收藏品，这类陈设品既能表现文化修养，又能丰富知识、陶冶情操。

3. 帷幔窗帘类

窗帘、门帘、帷幔等陈设品，具有分割空间、遮挡视线、调节光线、防尘、隔声和装饰空间等作用（如图2-50所示）。

图2-50　轻纱飘逸营造出缥缈、朦胧、如仙境般的环境。用轻纱帷幔做隔断，烘托了空间气氛

4. 织物陈设品

织物陈设品既有实用性，又有很强的装饰性，一般面积较大，对公共空间环境的风格、气氛及人的生理、心理感受的影响都很大，因此在选择织物时，其色彩、图案、质感及式样、尺度等都应根据公共空间的整体情况综合考虑。

5. 绿化小品

绿化在现代公共空间设计中具有不可代替的特殊作用。绿化小品可以在视觉上进行空间分割，绿色植物还能吸附粉尘和改善空气。更为重要的是，绿化可以带来自然气息，使环境生机勃勃，令人赏心悦目，可以起到柔化人工环境、协调心理平衡的作用。

九、设施设备

公共空间的设施设备的主要内容有水、电、消防、暖通空调等。

水又分为建筑给水与消防给水两种。建筑给水经常与管材、附件及卫生洁具等相关，配件有三通、内丝与外丝接头、直角弯管、钢管、水表等。

电设施主要分为强电与弱电设施。强电主要是照明用电与加工用电，设备主要有配电箱、电表、开关箱、开关、插座及各种电气设备，如电视机、电冰箱、烤火器、微波炉、电磁炉、空调等，弱电设备主要有电话、网线、门铃等。

消防给水的设施主要有水枪、水龙头、水龙带、消火栓、消防管道、消防水箱（池）、水泵结合器等。

暖气管道在北方地区用得最多，因为北方天气寒冷，人们用它来取暖。它卫生环保，是非常好的供暖设施。在公共空间设计的电气设施中主要有照明电气设施、交通电气设施及空调设备等，交通电气设施有电梯等。

现代生活离不开卫生洁具，现代的卫生洁具在造型、实用、色彩等多方面都体现出人性化关怀，式样琳琅满目，造型新颖时尚。

十、导向、标示

当人们进入一个新的空间环境，由于对新环境比较陌生，找不到出入的路线，会产生惶惶不安的感觉，这时就需要导向、标示来引导。导向、标示的设计大体分为两类：视觉导向、标示和空间构成导向、标示。

（一）视觉导向、标示

视觉导向又分为文字导向、标示（如图2-51所示）和影视导向、标示。后者如电子显示屏等，通过所显示的导向动态的标示内容引导人们的行为活动。

（二）空间构成导向、标示

空间构成导向、标示的基础是流线设计（如图2-52所示）。

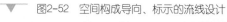

图2-51　文字性标示主要说明区域的属性，具有区域划分作用

图2-52　空间构成导向、标示的流线设计

第二节
公共空间设计的原则

一、功能原则

19世纪美国的雕塑家霍雷肖·格里诺提出"形式追随功能"这一著名口号。美国芝加哥学派的代表路易斯·沙利文首先将其引入建筑与室内设计领域，即建筑设计最重要的是好的功能，然后再加上合适的形式。

设计行为有别于纯粹艺术，其具有基于功能原则。任何设计行为都有既定的功能要满足，是否达到这一要求，成为判断设计结果成功与失败的一个先决条件。

公共空间设计的实用性是设计问题的基础，它建立在物质条件的科学应用上，如空间计划、家具的陈设、储藏设置及采光、通风、管道铺设等，必须遵循科学的法则，以提供完善的生活效用，满足人们的多种生活、工作、学习需求（如图2-53所示）。

▼ 图2-53　电梯空间设计

二、艺术原则

　　公共空间设计一方面需要充分重视科学性，另一方面又需要充分体现艺术性。在重视物质技术手段的同时，高度重视建筑美学原理，创造具有表现力和感染力的空间形象，创造具有视觉愉悦感和文化内涵的空间环境，使生活在现代社会高科技、高节奏中的人们能在心理上、精神上得到平衡，这也是现代建筑和空间设计中面临的科技和感情问题。

　　公共空间设计的艺术性较为集中、细致，它深刻地反映了设计美学中的空间形体美、功能技术美、装饰工艺美。公共空间设计通过室内空间、界面线形以及家具、灯具、设备等内含物的综合，给人们以环境艺术的感受，因此公共空间设计与装饰艺术和工业设计的关系也极为密切（如图2-54至图2-56所示）。

图2-54　通过线面组织的艺术性加工的空间设计

图2-55　根据展示主题设计的具有空间组织特色的展示设计，如世博会中的许多国家场馆

▲　图2-56　顶面的造型设计元素是细线与大面结合，展示了空间设计的科技含量

图2-57　通过体块之间的叠加构成顶面造型的空间设计

三、经济原则

任何设计并不是多做就是好，奢华就是好，关键是科学合理。设计是为了满足人们使用和审美需要的，具有实用和欣赏双重价值。华而不实的东西只能画蛇添足，造成能源浪费和经济损失，有的还有可能给人带来危害。

四、科技原则

现代公共空间设计所创造的新型空间环境，往往在计算机控制、自动化、智能化等方面具有新的进展。如智能大楼、能源自给住宅、计算机控制住宅等空间的设施设备从电气通信、新型装饰材料到五金配件等都具有较高的科技含量。科技含量的增加，也使现代空间设计产品整体的附加值增加（如图2-57、图2-58所示）。

图2-58　运用高科技成果，采用滚动式电子屏展示内容

五、环保原则

　　人的一生中极大部分时间是在室内度过的，因此公共空间环境的优劣，直接影响到人们生活的安全、卫生、效率和舒适。因此人们对公共空间设计的要求更为深入细致，更为缜密，设计本身也需要更多地从有利于人们身心健康和舒适的角度去考虑。在公共空间设计中，对构成光环境和视觉环境的采光与照明、色调和色彩配置、材料质地和纹理，对环境中的温度、相对湿度和气流，以及隔声、吸声等都应周密考虑（如图2-59、图2-60所示）。

图2-59　遵循室内设计与室外环境的连贯性，以天然采光为主要手段，充分体现节能环保的原则

图2-60　顶棚的直接采光与侧墙的侧采光相结合，满足了空间的采光需要

六、文化性原则

　　文化是设计的灵魂，公共空间的设计既是物质产品，又是精神产品。所有的公共空间都存在于某一地域环境中，体现当地的文化特征，这是不同的公共空间设计共有的艺术规律。设计师应充分反映当地自然和人文特色，弘扬民族风格和乡土文化。意境的创造是空间设计文化的最高诠释，它不仅使人们从中得到美的享受，还能以此为文化传导的载体，表现更深层次的环境内涵，给人们以联想与启迪（如图2-61所示）。

七、可持续性原则

公共空间的设计师和使用者越来越深刻地认识到，设计是人类生态环境的继续和延伸，设计师们应更好地利用现代科技成果进行绿色设计，充分协调和处理好自然环境与人工环境、光环境、热环境之间的关系，大力推广"绿色材料"的运用，因地制宜，节约包括装修费用在内的投资，节约经营管理的成本，尽可能减耗节能，朝可持续的生态空间方向发展（如图2-62所示）。

图2-62 星爪与展板构成的展示空间
充分体现了设计的可持续性要求

图2-61 用中式要素作为空间设计的创意元素，使空间具有中国文化的传承性

第三节
公共空间设计的特点

一、使用的大众化

公共空间设计是围绕建筑的空间形式，以"人"为中心进行的。依据人的社会功能需求、审美需求设立的空间主题创意，其根本目的是为了给人提供进行各种社会活动所需要的理想的活动空间。因此，公共空间的使用有大众化的特点（如图2-63所示）。

图2-63　根据消费群体需要与地方文化相结合设计的大堂公共空间

二、精神功能的广泛性

公共空间与人们的社会活动、社会生活行为最为接近，公共空间设计的基本任务是为人们提供各种科学合理、高效便捷、舒适清新的环境，使其满足人们的生理、心理需求，创造符合人们进行各种社会生活行为所需的空间环境，并保障人们的安全、活动无障碍和身心健康。因此，公共空间的精神功能具有广泛性的特点（如图2-64所示）。

图2-64　素雅的茶楼设计为茶客们提供了放松身心的场所

三、材料使用的环保性

公共空间是人们进行社会活动的场所，在设计构思时，设计师需要考虑使用功能、结构、施工、材料、造价等因素。为确保人们的身体健康，在设计公共空间时应尽量采用低辐射、低甲醛释放的环保材料（如图2-65所示）。

图2-65　在空间设计中，铁艺护栏与布质垂帘的运用增强了空间材质使用的环保性

四、文化的民族性

由于不同的公共空间设计所处的地理位置不同，设计师应当运用历史脉络、地域文化等设计元素完成个性化设计，展示出当地设计文化的地域特色（如图2-66所示）。

图2-66　运用方形设计元素构成的墙面造型与顶面的方形体块共同打造出传承中国文化的空间环境

五、技术运用的安全性

随着社会的发展和科技的进步，大量新技术和新材料被广泛应用到公共空间设计中。对从事公共空间设计的人员来说，围绕为人们创造美好生产、生活环境的宗旨，必须保证这些新材料和新技术运用的安全性，保证人们生命财产的安全（如图2-67所示）。

图2-67　玻璃护栏用广告钉进行固定，保证了材质使用的安全性

第四节
公共空间设计的程序

设计师与客户是一种服务与被服务的关系，这种关系称为设计服务。要充分明确服务的职责与内容，就必须有一个设计的总体工作计划和操作过程。

一、环境考察

环境考察是设计的准备阶段，是项目设计的基础，是整个设计工作的开始。设计单位承接的设计任务，其信息来源是多方面的，不同的设计单位项目信息的来源也各不相同。理想的空间设计应该与建筑设计是一体的，即建筑设计与空间设计是同时进行、互相渗透、相辅相成、统筹考虑的。但中国目前的空间设计是在建筑施工完成后进行的二次延伸设计。因此，对建筑的基础设计资料的深入了解与研究是做好空间设计的必要前提。

环境考察是指设计师对于设计现场的诸多现实条件的勘察。这是非常重要的阶段，要求设计师掌握已竣工的建筑图纸、建筑结构、给排水、机电设备、消防情况等，同时对建筑的技术条件、空间条件等有充分的认识。空间的结构体系、柱网的开间间距、楼面的板厚梁高、风管的断面尺寸以及水电管线的走向和铺设都是设计师在组织空间时所必须考虑的。在现场考察的同时，设计师应加强切身感受，寻找设计的突破点，为下一步设计创意积淀相应的基础。

本阶段要求设计师对所收集的信息进行分析，并抓住主要信息得出准确的现状分析结论。同时，对同性质公共空间和不同性质公共空间进行比较。此外，还要分析项目所处地区的文脉，包括地理位置、气候、地区的文化特质、人文要素、使用者的需求、项目的经济因素等。

二、设计创意

对于同一个空间设计，不同的设计师会设计出风格不一的空间，设计方案不会是唯一的。任何一个空间设计最后一定要落实到一份完美的设计方案上，才能付诸施工，这时的设计方案是设计师与空间使用者共同理想的结合点。那么如何才能有好的设计创意呢？

第一，提高认识，积极与客户进行信息沟通。设计师必须做到"客户没看到的、想到的、做到的，设计师必须为其看到、想到、做到"，不断接近客户想要的空间感觉。第二，加强设计师自我艺术修养，实现空间设计的艺术化与商业化的完美结合。第三，处理好传承与创新的关系。根据实践经验，好的设计都是在传统的基础上注入时尚的新元素，那种为了创新完全抛弃传统元素的想法是错误的。这要求设计师要有良好的专业知识能力，同时还要有严格的逻辑思维能力。

三、设计筛选

设计筛选是形成最后确定性方案的必备阶段，可以说没有早期的设计方案与客户的讨论和交流，形成的多种意向方案，就不会有后面成熟的确定方案。由设计设想变成现实，必须动用可供选用的地面、墙面、顶棚等各个界面的装饰材料，采用现实可行的施工工艺，这些依据条件必须在设计开始就要考虑到，在此阶段设计师应该做到以下内容：

（1）审查并了解客户的项目内容，把客户要求的资料整理成文件，并与客户达成共识。

（2）初步确认任务内容、时间计划和经费预算。

（3）方案草图设计：以功能分区图表现空间类型划分，以活动流线图表现空间组合方式，以透视图表现空间形态，做好色彩配色方案。

四、设计优化

本阶段要求设计师将设计风格与理念定位贯穿于整个优化后的设计方案中，确定解决技术的方案。空间的平面设计，首先要确定需要多少部门和公共空间。一般是把空间从大到小进行划分，然后再逐步调整，至适合为止。设计师可以先计算出全体员工基本工作面积，再权衡过道面积进行划分。空间的总体分析是指导空间细节设计的根据和出发点。设计师通过优化不断地把抽象的概念与理念通过视觉表达明晰起来。设计优化的具体表现主要有以下三个方面：

（1）对环境的构成因素考虑更为周密。

（2）能细致、深刻地反映空间形体美、功能技术美、装饰工艺美。

（3）能突出较高的科技含量，体现附加值，使空间具有时代气息。

五、设计表现

所谓设计表现，就是指通过某种恰当的方法将设计的思维过程或最终成果用图形的形式传达出来，形成一个类似表达界面的载体。设计信息通过该载体得以呈现，使设计师的思维内容被他人所阅读、理解。本阶段要求设计师在方案设计图的基础上将方案完整地用效果图的形式表现出来，并利用口头和文字两种形式表达设计思维，将自己的设计意图、设计效果告诉客户，以得到客户的认可与赞同。其主要内容有绘制手绘效果图和计算机效果图及详细的施工图，包括平面图、顶面图、立面图和节点大样图；其重点表述有空间造型、色彩处理、材质、照明、饰品和植物等。

六、设计实施

项目负责人领导项目部有关技术人员认真熟练地掌握施工图和相关的技术规范，把详细的施工图呈报客户批准后实施。开工时，项目部技术负责人应邀请客户进行技术交底，做到交底要有纪要，并有手写签名。同时技术人员应及时通过审图工作向工长交底，同时加强与各专业人员的联系，以便设计实施顺利进行。

七、成品保护

在施工过程中应注意各工种之间的相互配合，保证已经施工的部分不被损伤或破坏，主要注意以下五点。

1. 安装

轻钢龙骨及罩面板安装时应注意保护顶棚内的各种管线。轻钢龙骨的吊杆不能与设备吊杆混用，龙骨不准固定在通风管道及其他设备上。骨架安完后，不能上人踩踏。钢骨架隔墙施工中，工种间要保证已装饰项目不受损坏，墙内电管线及设备位置不得碰撞移动。

2. 刷油

刷油前应先清理好周围环境，防止尘土飞扬，影响油漆质量。

3. 进场

石料进场，必须用方木垫平，立放，块与块之间垫软物以防碰撞掉角。石材铺完，三日内不得行走。

4. 运输

材料运输使用电梯时，应对电梯采取保护措施。材料搬运时要避免损坏楼道内顶、墙、扶手、窗户及门。

5. 公共设施保护

对消防、供电、电视、报警、网络等公共设施应采取保护措施。成品保护应贯穿施工全过程，项目部要建立健全相应的成品保护岗位责任制度，责任到班组，责任到人，不留死角。树立全方位的成品保护意识，让每个人都养成良好的工作习惯。还应采用特别定制的PVC专用地垫进行保护，它有一定厚度和韧性，不仅保护效果显著，而且还保持了现场的整洁。在做好的地面上，不允许有污染物落洒，如机油、油漆、胶或黏结剂，更不能在水泥地面上拌砂浆。

八、设计验收

工程项目施工完毕，施工承包方首先自行组织预验收，一方面检查工程质量，发现问题及时补救；另一方面汇总、整理有关技术资料，向客户提供设计竣工资料。

本章小结

通过对本章内容的学习，学生要基本掌握公共空间设计的基本要素和原则，了解公共空间设计的基本特点和一般流程，并且在设计过程中能灵活运用它们为设计方案服务。在本章中，所有的理论学习内容都是公共空间设计实践的要求，希望学生在学习本章的过程中用辩证的方法对要点进行思考。

思考练习

1. 在公共空间设计中如何科学合理地理解设计要素？
2. 在公共空间设计中如何科学合理地运用设计原则？
3. 如何理解公共空间的设计特点？

实训项目

根据授课教师提供的基建图进行餐饮空间的设计。

设计要求：

1. 功能划分完整、合理；
2. 设计元素运用得当；
3. 具有当地的文化特色；
4. 具有时代感；
5. 手绘创意图不少于三套。

第三章
公共空间设计实践

　　本章主要介绍公共空间设计的实践过程。学习完本章内容后，学生要能掌握公共空间设计的基本程序和各程序的基本要求；能准确地运用公共空间设计的原理、原则、设计要素，并且具备一定的设计创意能力和施工组织能力与设计表达能力。

第一节
公共空间设计的前期准备

一、勘查现场

公共空间具有开放性，是大众进行工作、生活、学习的重要场所，与外界隔绝的环境是无法进行正常工作、生活、学习的。公共空间的服务对象涉及不同层次、不同职业、不同种族等的客户。公共空间环境的优劣直接影响到服务对象的生活质量。公共空间设计就是最大限度地满足不同人的不同需求。在某种意义上而言，公共空间是社会化的行为场所。要做好公共空间设计，勘查现场是必要的前期准备工作之一。

（一）室外环境勘查

建筑的室外环境是城市设计的重要组成部分，室内环境则是建筑设计的重要组成部分。人的生活行为能将室内外联系在一起。因而室内设计是一项内外空间的连续过程，是局部与整体、内与外的结合，是一种多元性的构成。就环境艺术作品的风格而言，建筑的内外风格应协调相融，以加强其整体性。室内空间是室外空间的延伸，在进行室内设计时，室外环境在一定程度上可以影响室内设计的效果。室外环境不具备室内环境的稳定无干扰的条件，它更具复杂性、多元性、综合性和多变性。室外环境的情况可以作为室内设计的基本依据。室内空间虽然是围合性的闭合空间，但是，它无法脱离外部空间而独立存在。在进行室内设计时，要注意扬长避短和因势利导，进行全面综合的分析与设计。

1. 绿化环境及地理位置

在外部环境中，对室内环境影响较大的是绿化环境和地理位置。相对于偏重功能性的室内空间，室外环境不仅为人们提供广阔的活动天地，还能创造气象万千的自然与人文景象。室内环境和室外环境是整个环境系统中的两个分支，它们是相互依托、相辅相成的互补性空间。因而室内设计时，还必须与室外环境的设计和建筑设计保持呼应和谐，融为一体。

（1）绿化环境。

绿化作为室外环境的重要评价指标，在室外环境中起着举足轻重的作用。充分利用室外绿化设计，使之成为室内环境的有力补充和陪衬，是公共空间设计的基本要求。所以，设计师应对室外绿化环境进行考察，记录其设计方法、构成方式、组织形式及四季的色彩变化等。

（2）地理位置。

空间所处的地理位置之所以会成为公共空间设计时的考察对象，是因为地理位置不同，就会导致消费群体或使用群体的结构差异。人们对公共空间的环境所怀的感情需求是人对自然的感情和人对人的感情。人们希望这两方面都能在公共空间中得到体现，而不被由人自己创造出来的"物质文明"所"奴役"，这种对公共空间的不同需求既是物质的，也是精神的。

2. 周边建筑样式

一项优秀的环境艺术作品，往往需要人工艺术创作与周边自然环境的结合，才能更好地体现出环境的整体性。要善于利用作为背景的建筑，并关注周围环境所应具有的功能。建筑师巴诺玛列娃也曾提到："室内设计是一项系统，它与下列因素有关，即整体功能特点、自然气候条件、城市建设状况和所在位置，以及地区文化传统和工程建造方式等。"历史悠久和地域辽阔的中国古建筑，是中华文明传承的有力实证。建筑是历史的雕塑，是文化、政治与经济的体现。其发展随时代和地域的不同，呈现出丰富的变化，而时代与地域这两大因素的交汇融合，使得中国建筑的演变进程更加错综复杂。并且相对于时代因素而言，地域因素的作用往往显得更为重要，因而对地域建筑的认识和把握便具有更为重要的意义。

3. 文化氛围

我国的文化发展经历了数千年的风雨沧桑，有着深厚的历史积淀。其中，城市的文化构成不单是建筑文化的传承，还包括政治、经济、道德、哲学、审美等内容。设计师在进行公共空间设计时，对空间所处的文化氛围应该有清楚的了解，把握其主体文化传承的审美特征及文化传承的主要发展方向。

我国文化是有着几千年历史的多元一体文化，博大精深是其主要特点。而我国设计文化是物质生产与精神生产高度结合的文化，也最能体现中国文化的多元一体结构。从目前的设计文化氛围来看，设计师在设计时需要把民族精髓的东西，包括设计方法、设计观念挖掘出来，完善设计方案，特别是要结合已有的设计，体现本土特色和民族的设计语汇。由中国古老的生活方式所积淀下来的种种设计观念是很值得研究的。

（二）室内环境勘查

1. 建筑构造

目前，我国的建筑构造按建筑结构的承重方式可分为墙体承重结构、框架承重式结构、内框架承重式结构、空间结构承重式结构四大类。

（1）墙体承重结构。

用墙承受楼板及屋顶传来的全部荷载，称为墙体承重结构。土木结构、砖木结构和砖混结构建筑都属于这一类。

（2）框架承重式结构。

用柱、梁组成的框架承受楼板及屋顶传来的全部荷载，称为框架承重式结构。一般采用钢筋混凝土结构或钢结构组成框架，用于大跨度的建筑和高层建筑。墙只起围护作用，为非承重墙。

（3）内框架承重式结构。

当建筑物的内部用柱、梁组成框架承重，四周用外墙承重时，称为内框架承重式结构或半框架承重式结构。该体系多用于需要较大空间但可设柱的建筑。

（4）空间结构承重式结构。

用空间构架或结构承受荷载的建筑，称为空间结构承重式结构。如用网架、薄壳、悬索结构来承受屋面传来的全部荷载，适用于大跨度的大型公共建筑。这种类型常用于需要大空间而内部又不能设柱的建筑，如体育馆等。

了解建筑构造类型可以更好地为设计提供框架基础。研究建筑物的构成、各组成部分的组合原理和构造方法，其主要目的是根据建筑物的使用功能、技术经济和艺术造型要求提供合理的构造方案，为公共空间设计提供依据。在进行建筑构造研究时，不但要解决空间的划分和组合、设计造型等问题，而且还必须考虑建筑构造上的可行性。为此，设计师在构造设计中就要研究设计能否满足建筑物各组成部分的使用功能；就要综合考虑结构选型、材料的选用、施工的方法、构配件的制造工艺，以及技术经济、艺术处理等问题。

2. 水电、供暖、空调、网络设备安装情况

（1）给排水现状。

公共空间主要体现使用功能，是人流密集的地方，因此用水的保障是设计中不可缺少的部分，一般在土建时就要进行管道的铺设。这主要涉及用水量的标准和给水来源，还有给排水设施的配备。在设计的过程中，与给水及排水有关的设施和设备的位置与铺设情况是设计师必须考虑的。给水的设施与给水的方式有关。通常的给水方式有"水道直接供水""高层水箱供水"和"压力水泵供水"等几种方式。与公共空间设计有密切关系的主要是与用水有关的设备，如水槽、洁具、热水器、阀门（龙头）等。而排水的设施与污水的种类及处理方式有关，如从大小便器中通过粪管排出的污水，从厨房水槽、浴室浴池和洗脸盆中排出的污水，从屋顶、庭院排出的雨水及须经特殊处理的从工厂、实验室等处排出的含有毒、有害物质的污水等，均要根据不同的污水种类及处理方式选择不同的设施及设计、安装方式。在进行空间设计时，必须充分考虑到这些设施在安装、使用及维修过程中必要的条件，如在排水直管的长度达到一定标准（如长度为管径的300倍）时，必须设置检查井，以方便检查及维修；各种排水器具上必须设置水封或防臭阀，以隔绝来自排水管的异味和虫类。

（2）电气设备现状。

公共空间对于用电的要求很高，电源的选择、照明环境的区分、灯具的选择还有照度的要求等都是设计时应给予足够关注的。

在电源的选取上，一般要求能够做到双电源供电。公共空间的电气负荷要根据其重要性与中断供电所造成的影响和损失程度而进行分级。电气系统可分为强电（电力）和弱电（信息）两部分。弱电是针对强电而言的，两者既有联系又有区别。一般来说，强电的处理对象是能源，其特点是电压高、电流大、功率大、频率低，主要考虑的问题是减少损耗、提高效率；弱电的处理对象主要是信息，即信息的传送和控制，其特点是电压低、电流小、功率小、频率高，主要考虑的是信息传送的效果问题，如信息传送的保真度、速度、广度和可靠性。一般来说，弱电工程包括电视工程、通信工程、消防工程、保安工程、影像工程等，以及相关的综合布线工程。

（3）通风空调系统现状。

通风空调系统是营造良好公共空间环境的重要配套设施。特别是在炎热的夏季和寒冷的冬季，通风空调系统可以调节室内温度，更换新鲜空气，让人在一个有着适宜温度的环境中工作、生活、学习，神清气爽。从空调设备的种类来看，主要有热源集中于一处再输送到各个房间的中央式空调和每个房间分设供冷、供暖的分别设置式空调两种。对于设计师来说，供暖空调设备的设置与公共空间设计也有直接的关系，要充分考虑空间平面的形状、天花板的高度与形状。设置室内空调机一般要注意以下各点：空调机的出风口应当安置在室内的中轴线部位，以使空气能均匀流动并避免家具的遮挡；如在较大的空间内采用中央空调，应能够分区使用以适应不同的用途和区域；空调机的周围要留有一定的空间以便维修、清扫等。

（4）通信网络系统现状。

公共空间环境的升级改造、功能的提升，更多的是配合现代经营理念的功能要求，诸如电子商务、展演、电子信息发布等。而这些功能要求的实现必须要有足够的通信网络设施作保障。就目前来说，通信网络主要包括CATV有线电视系统、通信系统、广播系统、通信综合布线等方面。

智能化的通信功能要根据空间的功能特点和需求进行综合分析，并结合远期规划进行有针对性的设计，不仅要实现使用电话设备同外界进行交流的需要，而且要能通过互联网获取语音、数据、视频等大量、动态的多媒体网络信息。电话机房宜设置在首层以上、四层以下的房间。

广播扩音设备可以播放音乐及信息，可利用现有的消防广播扬声器及线路，正常时切入信息广播系统，消防火灾时再切入消防广播系统。

综合布线支持的业务为语音、数据、图像（包括多媒体网络）。而监控、保安、对讲、传呼、时钟、安防等系统如有需要也可以共用一个综合布线系统。各种通信系统的布线采用同一弱电金属线槽，以节约造价。根据各弱电设备平面的不同，水平布线可采用不同截面的线槽，共用一个通信线路铺设，避免各线路独立铺设而增加投资。

随着计算机网络及传感技术在建筑上的运用，建筑"智能化"正逐步成为现实。目前能够实施的智能化技术包括以下三个方面：

① 利用传感技术对各种室内设施和设备实施监测、控制等，如电表、燃气表的自动抄报，燃气泄漏的报警，空调、锅炉及照明灯具的控制等。

② 防盗、防灾等安全保障。利用计算机自动监控、感应、报警等设备，可以在建筑内实现安全防范的多重设置，以增强空间的安全性。

③ 通信与网络技术的运用，使公共空间的自动化程度大大提升并可能实现远程的控制。一方面，电话设备与内部对讲机为工作和生活提供了许多方便；而计算机及网络技术则是办公自动化必不可少的前提。另一方面，通信技术及计算机网络也为公共空间环境质量的提高提供了许多可能性。因此设计师在设计时应当为计算机网络预先设置足够的接口并为布线提供方便。

（5）消防系统现状。

公共空间属于公众场所，在设计时必须考虑消防系统设置。消防系统设置包括消防栓给水系统及布置、自动喷水灭火系统及布置、其他固定灭火设施及布置、报警与应急疏散设施及布置等内容。设置消防系统的目的是限制火势蔓延的程度，保持建筑物结构的完整以及在火灾发生时保护逃生路线的安全性。

3. 采光方式及条件

根据建筑光学的原理和各类建筑对天然采光要求的不同，采光方式一般分为侧窗采光、天窗采光、混合采光三类。

（1）侧窗采光。

侧窗采光指利用建筑物外墙上所开的采光口（侧窗）进行采光。侧窗按所处位置分为单侧窗、双侧窗和高侧窗。侧窗采光具有使用维护方便、光线具有很强的方向性、有利于显现立体造型、易与室外联系等优点，因此使用广泛。其缺点是光线分布不均匀，近窗处亮，远窗处暗，使房间进深受到限制，采光的有效进深一般不超过窗高的两倍。另外，单侧窗的位置较低，易形成直接眩光。因此，采用双侧窗、高侧窗采光，空间照度的均匀度比单侧窗好。

（2）天窗采光。

在进深大的空间采取侧窗采光方式不能满足房间深处的采光要求时，宜在屋顶开设天窗采光。由于天窗安装位置和数量不受墙面限制，因此能在工作面上形成较高而均匀的照度，并且不易形成直接眩光。

（3）混合采光。

在同一空间内同时采用上述两种采光方式进行采光，可增大房间进深，使空间光线分布更加均匀。

4. 空间组织情况

室内空间是与人最接近的空间环境。相对于自然空间来说，室内空间具有地面、顶盖、东南西北四方界面等六个界面闭合的特性，同时，可根据使用功能的特性和要求演变出多种空间类型，呈现出多种形式的空间关系。

空间的相对论是指空间的范围有时是明确的，有时是模糊的。只有明确的顶界面而无侧界面，也无底界面的空间，称为"模糊空间"。既有明确的顶界面，又有明确的侧界面和底界面限定的空间，称为"室内空间"。室内空间具有如下特点：

（1）空间都是由界面围合而成的，空间界面就是地面、立面和顶面。

通常对这六个界面进行处理，能够使环境产生多种变化，既能使空间丰富多彩、层次分明，又能使其富有变化、重点突出。

（2）空间界面的形态不同、尺度不同，给人的感受也不相同。

折线形的室内空间形式主要有三角形、多边形、六角形、扇形等。三角形的空间形式是人们比较喜欢采用的一种几何形态。这种形态在空间中会使人产生不同的动感和扩散感，同时具有向上提升之感。

室内空间的基本形态有以下三种：

（1）矩形室内空间。

矩形室内空间是一个较稳定的空间，属于相对静态的空间，也是一个良好的滞留空间。这种形态容易和建筑结构形式相互协调。随着长宽高的比例不同，矩形室内空间可以有多种多样的变化。

（2）拱形室内空间。

常见的拱形室内空间有两种形态：一种是矩形平面拱形顶，折中空间水平方向性强，给人以流动的空间感受；另外一种则是平面为圆形，顶面也是圆弧形，这种空间具有稳定的向心性，给人以收缩、安全和集中的感受。

（3）穹顶状空间。

中央高、四周低的穹顶状空间可以给人以向心、内聚和收敛的感受；中央低、四周高的穹顶状空间可以给人以离心、扩散和向外延伸的感觉。

由此可见，在设计公共空间时，除了要满足功能性的要求外，设计师还要结合一定的艺术意图来选择合适的形状。

室内空间是根据人们各种各样的物质需要和精神需要而逐渐形成的。室内空间的种类很多，常见的室内空间主要还有：结构空间、封闭空间、开敞空间、静态空间、动态空间、母子空间、虚拟空间、虚幻空间、迷幻空间、外凸与凹入空间等。

二、了解功能要求

（一）使用功能

公共空间具有开放性质，其使用功能决定着设计定位的方向。使用功能是在设计时首先要考虑的要素，在进行公共空间的设计之前，设计师一定要首先了解空间的基本功能。因为，设计是根据使用群体的需求而进行的。许多公共空间在进行设计时就已经确定了主要功能，当然，也有一些公共空间设计是根据功能的重新定位而进行设计的。所以，了解空间的使用功能，会有助于设计方案的顺利实现。而且，空间的功能决定设计与表现是公共空间设计的根本要求。功能决定设计，而不是设计决定功能。同样是办公楼，企业办公与行政办公的功能本质上还是有区别的，因为使用的群体和使用的方式存在着差异。

（二）使用频率

不同的公共空间具有不同的使用频率。如办公、餐饮、娱乐等空间，其使用群体的使用频率是比较高的；而展示、某些观演空间，其使用群体的使用频率相对来说要低些。使用频率的不同，会影响设计材料、设计色彩、设计肌理、设计造型等设计因素的应用。通常使用频率高的公共空间更新周期短，如酒店、办公、餐饮空间等，它们的更新周期少则3～5年，多则5～10年。展览空间，如展览馆、博物馆等，其更新周期可能多达几十年，甚至永远不会更新，只做局部修补。

三、市场调查

（一）同性质空间调查

同性质的公共空间主要是指在使用功能和表达空间文化含义上基本相同的空间。对同性质公共空间之间的比较，主要是根据考察报告进行的，它可以作为比较的基础。

1. 空间组织情况调查

性质相同的空间，其空间组织还是有区别的。公共空间没有完全相同的造型，因此，就应该有不同的设计切入点和设计思维，设计的表达元素和设计所表现的风格也应有不同。例如，同为就餐环境，因为存在着空间差异，在表现手法上就要采用不同的方式。当然，空间组织并不是设计风格的决定因素，但它可以影响设计风格的表达。

2. 空间设计风格调查

不同的时代思潮和地区特点，通过创作构思和表现逐渐发展成为具有代表性的公共空间设计形式。一种典型风格的形式，通常是与当地的人文因素和自然条件密切相关，又兼有创作中的构思和造型的特点，是形成风格的外在和内在因素。风格虽然表现于形式，但风格具有艺术、文化、社会发展等深刻的内涵，从这一深层含义来说，风格又不完全等同于形式。所以，在公共空间设计之初，设计风格调查至关重要。

3. 空间使用效果调查

我国地域辽阔，使用群体的民族构成以及人口的分布情况各有不同，即使在同一区域中，生活水平、消费趋向、使用者年龄构成等的不同，都会导致公共空间使用效果的差别。以连锁中式餐馆为例，在中等城市，其就座率不到80%；而在大城市，其就座率可以达到150%以上。在公共空间设计中，除了办公空间对使用效果只有基本的要求外，其余的空间类型都会因空间氛围而影响到功能使用。因此，同种类型空间的使用效果，是公共空间设计前期必须调研的内容。

（二）不同性质空间调查

1. 空间组织情况调查

不同性质的空间有不同的构成方式，其空间的组织原则和组织规律也存在很大的差异。酒店大堂与办公楼的大堂、餐馆空间结构与会议室的空间结构就存在着巨大差别。在某种意义上讲，建筑空间的组织形式决定了其使用功能。理解空间组织有助于设计师进行设计定位，这种设计定位能确立空间功能。

对公共空间的感受和理解（包括伦理的、审美的）人人都有，只是由于生活习俗的不同而导致了差异性。公共空间也随之产生不同的性格，来适应人和社会的各种不同要求，由此相应地形成了特有的公共空间文化和性格的多元化。公共空间设计首先要抓住个性特征，创造出诸如休闲性、娱乐性、展示性、观演性、纪念性、宗教性等不同气氛。

2. 空间设计风格调查

设计的目的性决定其功能性，但这些目的归根结底还是源于人类的需求。公共空间设计的功能性最终还必须通过物质手段表现出来，这就涉及表现方式的多元化。表现方式的多元化在设计中就是指设计元素和设计风格的多样化。设计风格变化归根结底要受设计元素的影响，要根据功能空间的差别寻求不同的设计元素。设计元素的合理组合，可以最大限度地丰富空间的文化内涵。当然，设计元素在一定的环境中表达自身本质含义的同时，也应充分地释放空间的含义。设计师应该明白，设计元素同样存在个性和共性，而个性或共性的显现要看具体的空间环境。

第二节
公共空间设计的初期

设计师在正式开始设计之前，有一个设计的准备阶段，在设计的准备阶段需要做大量的准备工作。这些准备工作并不是可有可无的，因为它们关系到设计的定位和决策，以及设计概念是否恰当、设计方案最终是否为设计的使用者所接受等方面。

一、组织团队

设计团队的建设首要面对的是团队人员的组织构成问题。设计团队的人员结构一般会根据设计任务性质的不同，以及设计团队规模和性质的不同而有所差异。根据设计任务的不同，同一个设计师在设计的不同阶段需要扮演不同的角色，而设计团队内的不同设计师由于各自设计能力的差异，如专业方向的差异、为人处世方式的不同等，决定了他们各自在设计过程中所扮演的角色不会相同。因此，一个优秀设计团队的每个设计师必须是根据设计任务的要求来召集的，每个设计师在设计团队中也必须是因材施用，其在设计中所起的作用更应是差别互补的协作，这样整个设计团队才会有"1+1>2"的合作效益。

首先，设计团队的人员结构需要由设计领域内不同专业特长的设计人员构成，其核心组织原则就是根据设计任务的性质决定设计团队的设计人员结构。

其次，设计团队在进行设计时总会遇到很多关于新材料、新工艺等方面的难题，这些都是设计师无法独自克服的。因此，在现实的设计团队组织中，设计领域以外的相关专业人员有可能经常被邀请加入设计团队。设计需要通过材料和工艺表现出来，实现它对于生产和生活的实用目的。这也就决定了设计团队特别需要打破客观条件的限制，寻求信息、材料、工艺等领域的专业人员的帮助。通常设计团队通过材料、工艺等领域专业人员直接或间接的帮助，就能顺利地完成某些设计师不能独立完成却又无法逾越的关键工作，这对于设计创新工作是非常重要的。

1. 团队的组织方式

根据公共空间设计的特点和功能性特征的不同，设计团队在组织的过程中必须考虑以下因素：

（1）项目管理和统筹能力。

（2）团队组织能力。

（3）协调沟通能力。

（4）专业技术能力。

（5）手绘能力和计算机绘图能力。

（6）施工技术及现场监理能力。

（7）材料应用及调整能力。

（8）工种协调及沟通能力。

（9）专业文案能力。

由此，公共空间设计团队的基本构成就应该包含设计总监、首席设计师（主案设计师）、助理设计师、绘图员、施工监理、材料采购员、文案写作员。

2. 团队的成员分工

（1）设计总监。

设计总监在团队中负责方案设计的全面工作，要具有独立承接设计项目的能力，即要有承接大型景观设计项目、大型单体建筑室内外设计项目等的能力。设计总监要带领团队进行现场实地考察，拟写项目计划书，进行总体设计意向定位，与客户协调沟通，对方案设计、效果图制作、施工图设计进行指导，对设计团队人员及设计工作进度进行管理，对施工现场设计进行监理，对施工技术方案进行审定并提出建设性建议。

（2）首席设计师。

首席设计师在团队中负责总方案设计，要能对科技、文化及人性化等设计本位核心进行抽象把握及表达，对功能需求进行深刻理解，对平面布局准确划分并善于取舍、把握重点，对空间意象有独到见解。首席设计师还要对设计进行整体创意。

（3）助理设计师。

助理设计师主要负责设计创意的具体化，要把首席设计师的创意用手绘的方式表达出来，同时指导绘图员把设计方案用计算机进行CAD制图和效果图制作。

（4）绘图员。

绘图员负责制作CAD施工图、效果图以及竣工图。

（5）施工监理。

施工监理负责施工图纸设计审阅和设计后的现场施工监理。

（6）材料采购员。

材料采购员负责提供设计材料的相关资料。

（7）文案写作员。

文案写作员主要负责投标及项目总设计说明，拟写招标文件、项目投资计划书等。

3. 团队的管理

设计团队的管理是一个横跨设计学、行为组织学、管理学等多个领域的综合知识体系。设计团队与个人设计师之间最根本的差异就是组织管理的实现方式不同。设计团队对于组织管理理论的热切需求是个人设计师难以体会的。

设计作为一个特殊的行业，对其科学管理必须考虑该行业的特殊性，即在设计团队的管理过程中需要特别注意对设计师创新积极性的维护。

设计团队要解决团队管理的问题，建立一套有效的组织管理系统是非常必要的。而这套系统的核心就是流程建设部分，即设计有设计流程、制作有制作流程，所有的工作就是流程的串联。其中，业务的流程要介入设计的流程中，设计的流程要导入客户的流程中，中间有枝节的分开，但又具备连接点。这样，设计团队的组织工作经过一个流程后，其材料成本、时间成本等都可以立刻显现。在团队管理中要注意做到以下几点：

（1）角色安排要清晰。

在团队管理中，一旦出现角色模糊、角色超载、角色冲突、角色错位、角色缺位等现象，会使团队成员之间角色不清、互相推诿，最终将会降低团队效率。只有清晰的角色定位与分工，才能使团队迈向高效。

（2）成员职责要明确。

团队效率是与团队成员的职责状况直接相关的，要使团队有效率，条件之一是团队成员明白并接受各自的职责。职责不明、职责混乱，势必降低团队的效率。所以，任何团队要想达到高效，都必须做到职责权限和工作范围明确。

（3）职责安排要以人为本。

团队成员角色职责制定要坚持以人为本的原则，就是要关注成员具备的素质和能力，根据每个成员的能力、特点和水平，把他们放到最适合的角色岗位上，给他们提供施展才华的平台，最终使团队角色职责安排有利于团队成员发挥其专长并有利于其个人的成长。给成员安排有利于其成长发展的角色职责，为成员的专长尽力提供舞台，不仅能极大地提高团队成员的主动性和积极性，而且有利于团队产生出最高的效益。

二、设计定位

设计定位需要具有全面的创造性思维能力。设计定位的中心在于设计理念是否具有时代特性。设计命题的提出与运用是否准确，完全决定了设计定位的意义与价值。设计命题的提出注重设计师的主观感性思维，只要是出自设计分析的想法都应扩展和联想并将其记录下来，以便为设计命题的提出准备丰富的材料。在这个思考过程中主要运用的思维方式有联想、组合、移植和归纳。

1. 设计命题

设计命题是依靠市场调查、客户分析等实践而得出的结论，它需要进行联想从而启发进一步思维活动的开展。设计命题阶段的中心在于将抽象出来的设计细分化、形象化，以便能将其充分地利用到具体的设计之中。在这个过程中我们所运用的思维方法有演绎、类比等。

演绎是指设计命题实际运用到具体事物的创造性思维方法，即由一个命题推演出各种具体的命题和形象。设计命题的演绎可以从命题的形式方向、色彩感知、历史文化特点、民族地域特征诸多方向进行思考，逐步将设计命题的某些点扩散，演绎为系统性的庞大网状思维形象。

类比就是对设计命题认识并使其发展的创造性思维方法。设计命题是将不同的事物抽象出共同的特性进而总结形成的，而类比则是将命题的可利用部分进行二次创造与发散，产生不同的形式与新事物。

2. 信息收集及整理

信息收集是对与所要进行的设计项目有关的各种数据、图纸、文字、同类型案例、现场状况等的综合采集。在设计的定位阶段，对信息进行收集是一项极其重要的工作。信息掌握得越多、越细、越充分，就越有可能在设计定位和设计决策时有更多的参考依据和构思的出发点，就越能够打开思路，使设计从整体出发，又能兼顾到各种细节的处理，帮助建立起一个明晰而合理的设计概念，从而把握正确的设计方向。

信息整理是将所收集的信息进行归纳和分类，从而为设计命题的形成提供比较清楚的思考依据，主要包括如下几个方面：

（1）客户对设计的要求、想法和建议。

（2）施工现场的条件和制约分析。

（3）设计项目所在城市的文化特点。

（4）设计项目的功能特点，与同类型项目的差别化特征。

（5）设计项目在目前市场上的一般性设计风格。

（6）目前同一类型的设计项目的设计在功能上、风格上存在哪些不足或缺陷。

（7）目前这一类型的设计使用较多的材料有哪些。

（8）在设计方案中可能会使用到的最新材料以及这些材料的所有信息。

3. 信息选择

设计师或设计团队对所收集的信息进行整理，对项目的整体情况有了初步的了解之后，会在众多的信息要素中选择相关的信息为方案设计做出铺垫，然后根据客户的要求与设计要素进行结合，整合出有利于设计的资源。

三、徒手创意

设计是一个从客观到主观再从主观到客观的必然过程。设计理念的转化有一个从头脑中的虚拟形象朝着物化实体转变的过程，这个转变不仅表现在设计从概念方案到工程施工的全过程，还是设计师自身思维外向化的过程。从抽象到表象、从平面到空间、从纸面图形到材质构造，是设计思维外向化的三个中心环节，它遵循着"循序渐进"的原则逐步进行着。

创意是人们在经济、文化活动中产生的思想、点子、想象等新的思维成果，或指一种创造新事物、新形象的思维方式和行为。创意具有非常重要的意义，设计创意不仅塑造空间物质，而且塑造空间氛围和精神。设计创意应符合周边环境的氛围，同时应有整体的创意思路，而设计创意的产生需要设计师本身具备良好的综合素质。

1. 主体设计元素创意

设计元素创意其本质就是图形分析的思维过程。公共空间设计图形分析的思维方式实际上是一个从视觉思考到图解思考的过程。视觉思考研究的主要内容来源于心理学领域对创造性的研究，通过消除思考与感觉行为之间的人为隔阂的方法，建立起探索研究的基本结构。

设计师在设计创意时一般会采用快捷的草图和图解进行创意思考，而这种高度抽象的思维必须借助较随意的图解语言来表达。图解语言包含图像、标记、数字、文字，它们具有同时性。设计师在设计草图和图解时，全部符号及其相互关系被同时加以考虑。

主体设计元素的创意手法可按照立意对典型素材进行提炼、加工、概括、变形等，并从空间形体语言、色彩语言、材质语言、陈设装饰语言等创意方面入手，创造出具有一定情调意境、地域特征与时代气息的设计主体元素。

2. 主要空间设计创意

设计师对主要空间的设计创意主要以手绘"涂鸦"的形式来表现，在涂鸦的过程中去获得空间感，用已有的创意元素在空间中进行组合，用四维性的思维表述空间功能，找到设计元素之间的组合特点或者组合方式。

四、初步方案设计

初步方案设计是设计师在设计创意的基础上，进一步收集、分析、运用与设计任务有关的资料和信息，构思立意，进行空间的初步设计，进行方案的分析与对比。在此阶段，设计方案存在多样性。

1. 设计思维

设计是人们有目的地寻求尚不存在的事物，其过程就是把各种细微的外界事物和感受，组织成明确的概念和艺术形式，从而构筑起满足人类情感和行为需求的物化世界，即创造物质的产品和环境与创造精神的产品和环境，有时两者兼而创造之，可见设计的本质就是创造。

公共空间设计是一项创造性很强的工作，需要设计师具有创新精神。这就要求设计师在学习、工作中不断超越自我，多向思维，充分扩展思维方式，创作出优秀的设计作品。

2. 设计风格

公共空间设计的总体，尤其是其艺术风格，从宏观来看，往往能从一个侧面反映相应时期社会物质生活和精神生活的特征。随着社会发展而发展的各时期的公共空间设计，总是具有时代的印记，犹如一部无字的史书。这是由于公共空间设计从设计构思、施工工艺、装饰材料到内部设施，必然和社会当时的物质生产水平、社会文化和精神生活状况联系在一起；公共空间设计在空间组织、平面布局和装饰处理等方面，从总体来说，也和当时的哲学思想、美学观点、社会经济、民俗民风等密切相关。

3. 手绘表现

徒手绘制效果图实际上是一种图示思维的设计方式。在设计的前期尤其是方案设计的开始阶段，设计意象是模糊的、不确定的，而设计的过程是对设计条件的不断"协调"。图示思维的方式即设计师把设计过程中有机的、偶发的灵感及对设计条件的"协调"过程，通过可视的图形记录下来。这样一些绘画式的再现，是抽象思维活动的适宜的工具，因而能把它们代表的那些思维活动的某些方面展示出来。

手绘表现是设计前期的重要阶段。整体布局、空间的基本形态、外立面的造型、大致的明暗对比关系，都可以通过手绘表达。

用铅笔或钢笔的快速手绘可以帮助设计师更好地将自己的设计观念展现给客户，在与客户进行初次交流时，快速手绘是很重要的。因为设计师可以根据客户的口述画出空间的大体效果，让客户对设计意图有初步的了解，然后在这个效果图的基础上再结合客户提出的要求进行改进。快速手绘对促进设计师与客户的交流很有帮助。

在设计的中后期，手绘的表现也是值得提倡的。由于徒手绘制的效果图与设计师的设计思维联系紧密，是设计师驰骋的设计理念最真实的表达。因此徒手绘制的效果图所表现的人文特质与文化内涵都比较深厚，画面轻松奔放，洋溢着一种绘画的情趣，尤其是对环境的处理，效果并非十分逼真，而是渲染出一种气氛，很有观赏性和艺术性。这种艺术性较强的绘画作品，在设计的竞标中也会起到重要的作用。

第三节
公共空间设计的方案优化

一、方案筛选

公共空间设计涉及相当多的技术与艺术门类，必须遵循严格的科学程序。创作本身也是一个机遇探求递增与优化选择递减相互交织的过程，并表现在设计的各个阶段及每个阶段的各个深度层次。

对比优选是显示设计意图优缺点、研究和评价设计质量、寻求合理解决方案的最有效途径。因此，设计师有必要掌握多方面的速写草图技巧，从抽象到具体、从随意松弛到细致谨慎，并有必要理解技巧所产生形象的不同特征及效果。有创造力的设计师大都经常考问曾被自己接受的设计概念，正视自己最新的想法，不断加以检验，并不断发展新的设想。本阶段要求各项目组将设计风格与理念定位贯穿于方案设计之中，初步确定解决技术问题的方案。

1. 进行空间的平面设计

空间的平面设计需要统筹划分，一般是把空间从大到小划分，然后再逐步调整，直到合适为止。

2. 进行功能区域的安排

功能区域的安排，首先要满足工作和使用的方便，在功能区域分配时，除了要给予足够的空间之外，还要考虑其位置的合理性。

3. 进行各种公共空间设计的天花设计

公共空间的天花设计应以平面布置的设计方案为基础。在公共空间设计中，应以平面布置（或平面设计）统领全局，天花设计的风格要在全局风格中寻求变化，应该在确定主体设计元素的同时，考虑材质的使用、灯具的造型等设计要素。

4. 进行各种公共空间设计的各个立面设计

立面是公共空间的重要组成部分。立面设计效果的优劣可以直接影响到整个公共空间效果的优劣。立面设计的设计元素的运用，应与顶面保持一致。在风格的运用上，也不能脱离空间的整体风格。

二、交流意见

在进行公共空间设计时，团队成员之间的交流是方案设计优秀与否、设计进度能否顺利实施的关键所在。每个人的意见都有可能促进设计方案的优化。交流意见时应该用辩证、发展的眼光去看，而不是局限于已有的初步方案，设计总监在此时应发挥博采众长的作用。

设计团队在交流意见之后把认为较优秀的方案交给客户看。设计总监根据设计主题、设计创意、设计原则与运用等与客户沟通，阐明设计观点、设计所要表达的意图，同时，参考客户的需求，做好笔记。

三、方案定稿

通过多次商讨、沟通之后，设计总监确定设计方案的风格与表现。

第四节
公共空间设计的表现

一、手绘方案草图设计

手绘方案草图设计阶段要求设计师将各项目设计方案以方案草图的形式表现出来。

（1）以功能分区图表现空间类型划分。

功能区的面积的划分和准确定位有利于合理、科学地利用空间，它是公共空间设计的基本保障。

（2）以活动流线图表现空间组合方式。

活动流线图在公共空间中其实就是人流的分布图，即人从哪儿进，大概有多少人能同时进入空间，在空间里又是怎样分流的以及人们的流线习惯等。

（3）以透视图表现空间形态（如图3-1至图3-9所示）。

（4）做好色彩配置方案。

色彩配置方案在公共空间设计的表现中极为重要。好的色彩配置可以起到事半功倍的效果。色彩配置方案设计，可以使公共空间设计方案的色彩取得统一与协调，避免空间里的色彩搭配出现杂乱无章的现象。

▲　图3-1　创意设计及表现（1）（绘图：雷滕娇　指导：杨清平）

▲　图3-2　创意设计及表现（2）（绘图：雷滕娇　指导：杨清平）

▲ 图3-3 创意设计及表现（3）(绘图：雷滕娇　指导：杨清平）

▲ 图3-4 创意设计及表现（4）(绘图：雷滕娇　指导：杨清平)

▲　图3-5　创意设计及表现（5）（绘图：雷滕娇　指导：杨清平）

▲　图3-6　创意设计及表现（6）（绘图：金思燕　指导：杨清平）

▲ 图3-7 创意设计及表现（7）(绘图：金思燕 指导：杨清平)

▲ 图3-8 创意设计及表现（8）(绘图：金思燕 指导：杨清平)

▲ 图3-9　创意设计及表现（9）(绘图：金思燕　指导：杨清平)

二、标准制图

标准制图设计阶段是设计师利用工程制图软件完整地将设计施工图制作出来。在制作过程中，设计师应注意调整尺度与形式，着重考虑方案的实施性。

（1）绘制平面图（如图3-10至图3-21所示）。

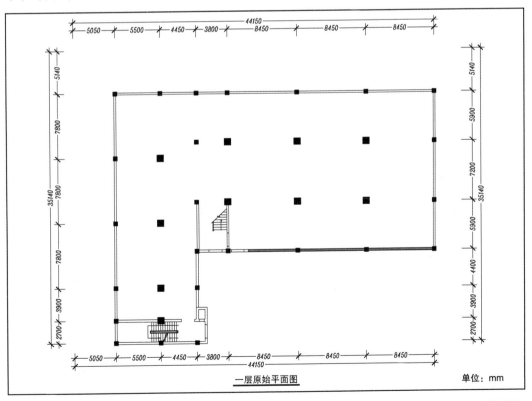

一层原始平面图

单位：mm

▲ 图3-10　一层原始平面图（制图：向玉洁　指导：杨清平）

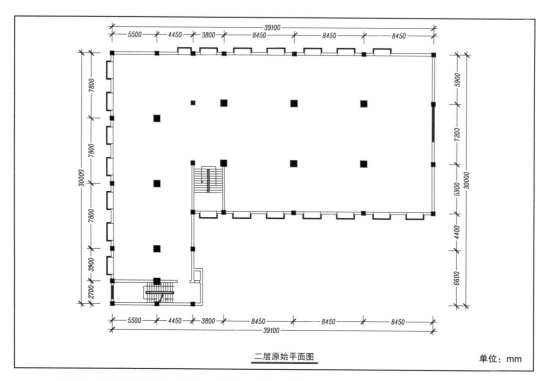

二层原始平面图

单位：mm

▲　图3-11　二层原始平面图（制图：向玉洁　指导：杨清平）

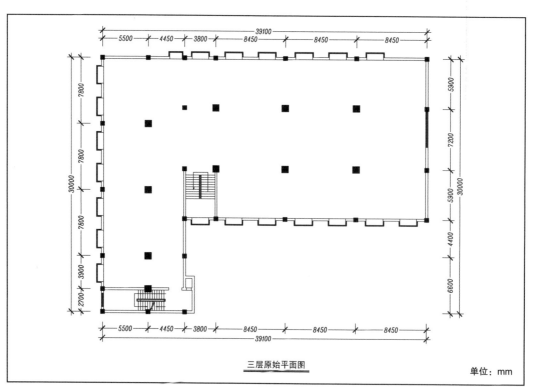

三层原始平面图

单位：mm

▲　图3-12　三层原始平面图（制图：向玉洁　指导：杨清平）

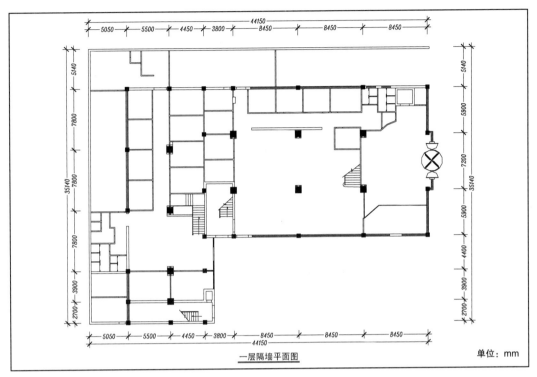

一层隔墙平面图

单位：mm

▲　图3-13　一层隔墙平面图（制图：向玉洁　指导：杨清平）

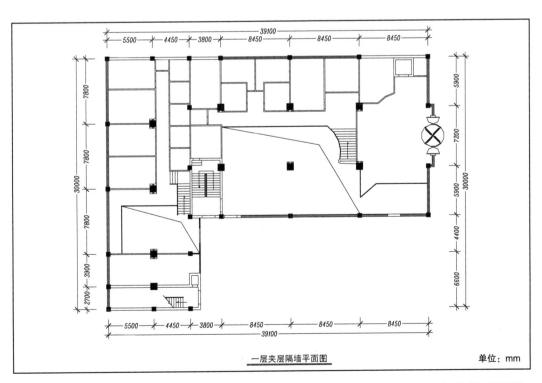

一层夹层隔墙平面图

单位：mm

115

▲　图3-14　一层夹层隔墙平面图（制图：向玉洁　指导：杨清平）

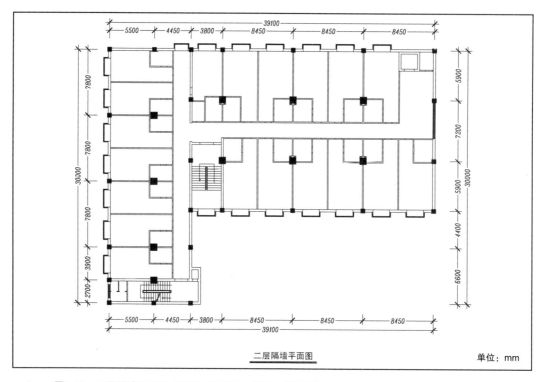

二层隔墙平面图

单位：mm

▲ 图3-15 二层隔墙平面图（制图：向玉洁 指导：杨清平）

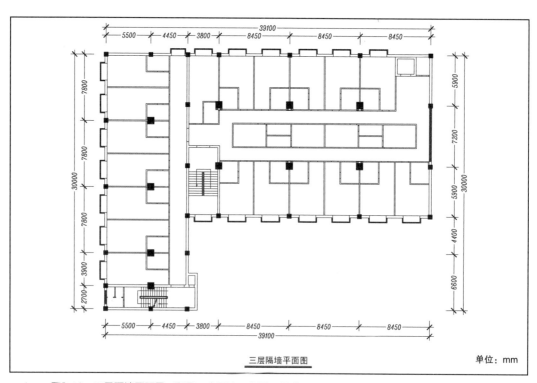

三层隔墙平面图

单位：mm

▲ 图3-16 三层隔墙平面图（制图：向玉洁 指导：杨清平）

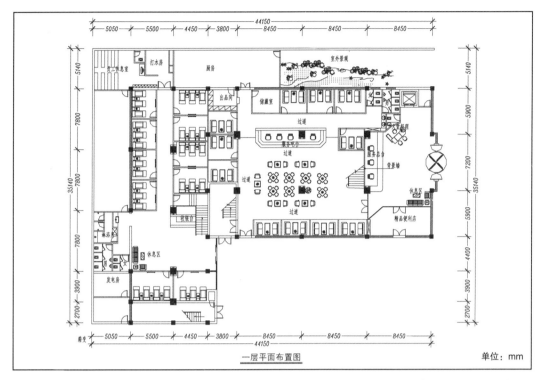

一层平面布置图

单位：mm

▲　图3-17　一层平面布置图（制图：向玉洁　指导：杨清平）

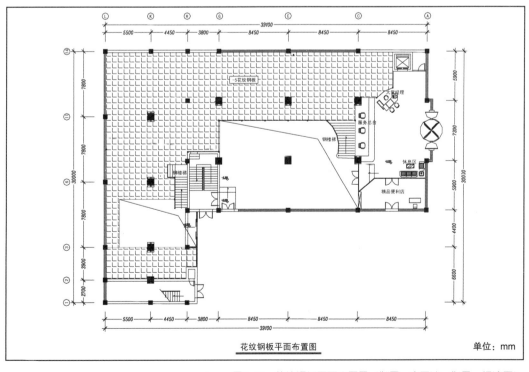

花纹钢板平面布置图

单位：mm

▲　图3-18　花纹钢板平面布置图（制图：向玉洁　指导：杨清平）

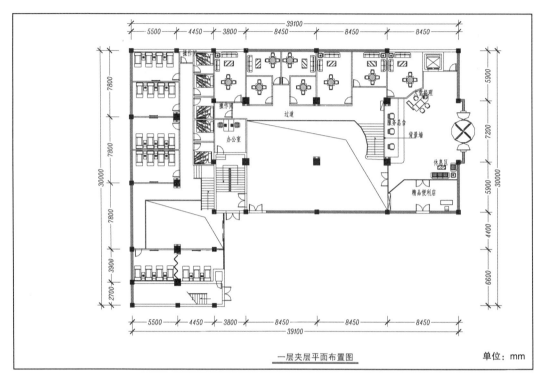

一层夹层平面布置图

单位：mm

▲ 图3-19 一层夹层平面布置图（制图：向玉洁 指导：杨清平）

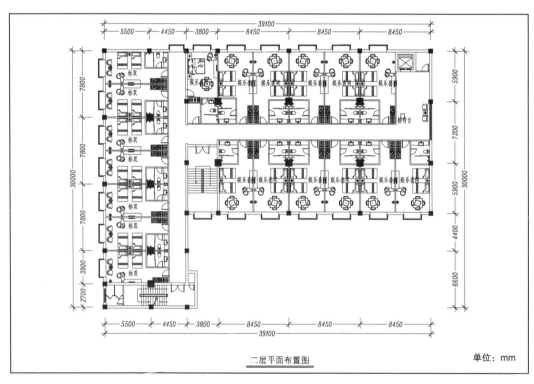

二层平面布置图

单位：mm

▲ 图3-20 二层平面布置图（制图：向玉洁 指导：杨清平）

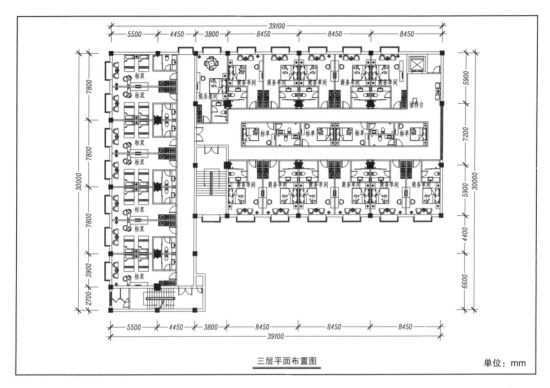

三层平面布置图

单位：mm

▲ 图3-21　三层平面布置图（制图：向玉洁　指导：杨清平）

（2）绘制平面材料布置图（如图3-22至图3-26所示）。

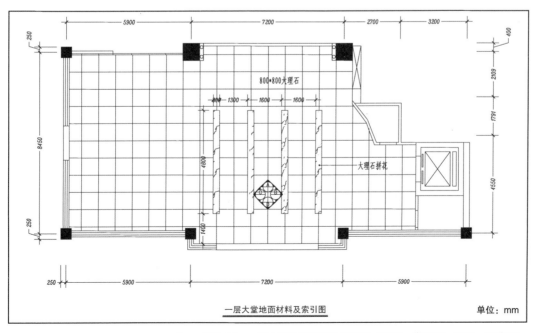

一层大堂地面材料及索引图

单位：mm

▲ 图3-22　一层大堂地面材料及索引图（制图：向玉洁　指导：杨清平）

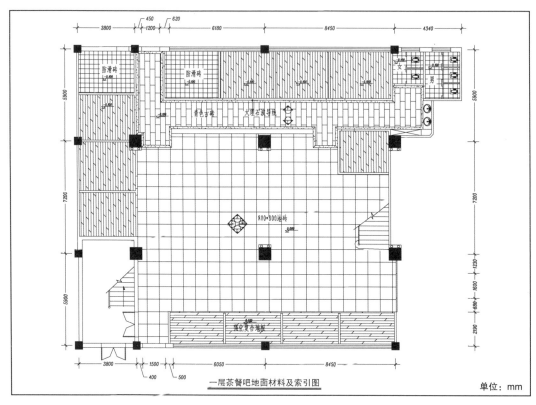

一层茶餐吧地面材料及索引图

单位：mm

▲　图3-23　一层茶餐吧地面材料及索引图（制图：向玉洁　指导：杨清平）

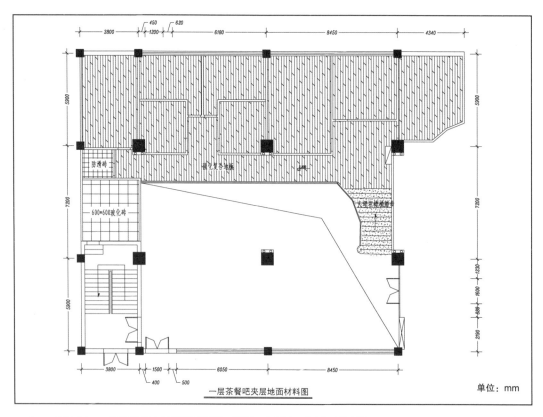

一层茶餐吧夹层地面材料图

单位：mm

▲　图3-24　一层茶餐吧夹层地面材料图（制图：向玉洁　指导：杨清平）

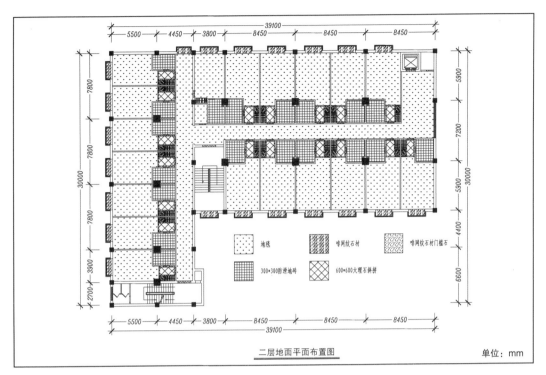

二层地面平面布置图

单位：mm

▲　图3-25　二层地面平面布置图（制图：向玉洁　指导：杨清平）

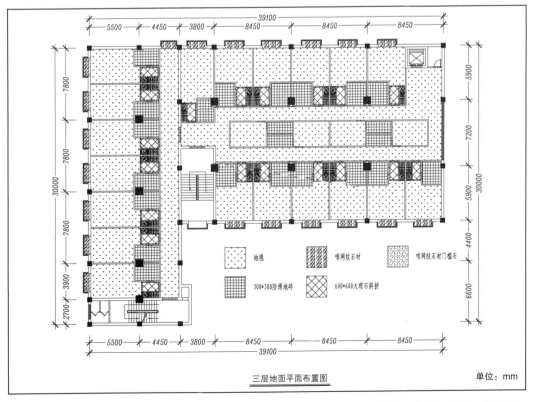

三层地面平面布置图

单位：mm

▲　图3-26　三层地面平面布置图（制图：向玉洁　指导：杨清平）

（3）绘制顶面图（如图3-27、图3-28所示）。

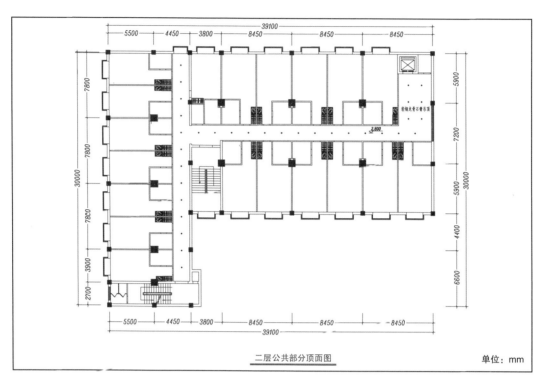

▲　图3-27　二层公共部分顶面图（制图：向玉洁　指导：杨清平）

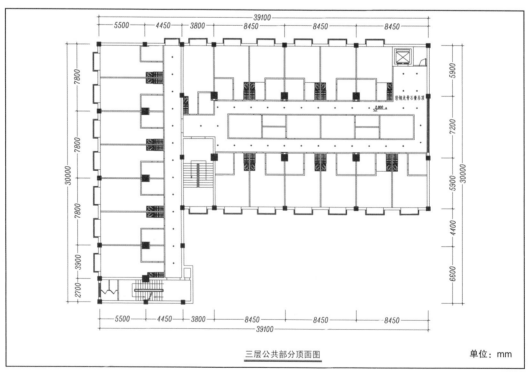

▲　图3-28　三层公共部分顶面图（制图：向玉洁　指导：杨清平）

（4）绘制开关电位图（如图3-29至图3-33所示）。

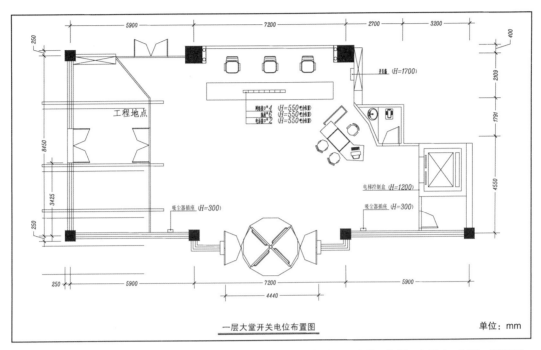

一层大堂开关电位布置图

单位：mm

▲　图3-29　一层大堂开关电位布置图（制图：向玉洁　指导：杨清平）

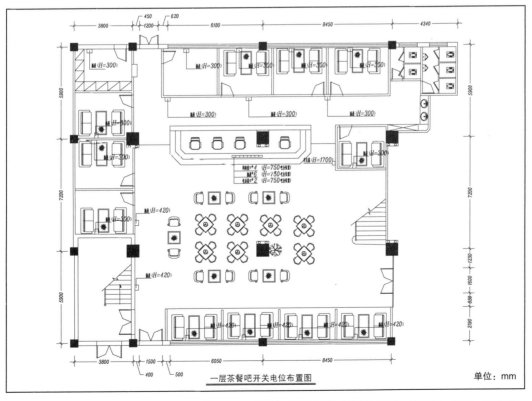

一层茶餐吧开关电位布置图

单位：mm

▲　图3-30　一层茶餐吧开关电位布置图（制图：向玉洁　指导：杨清平）

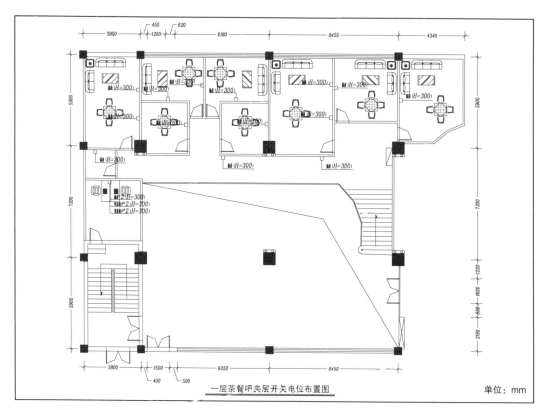

▲　图3-31　一层茶餐吧夹层开关电位布置图（制图：向玉洁　指导：杨清平）

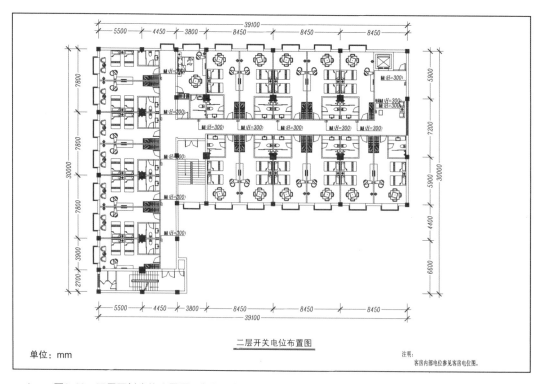

▲　图3-32　二层开关电位布置图（制图：向玉洁　指导：杨清平）

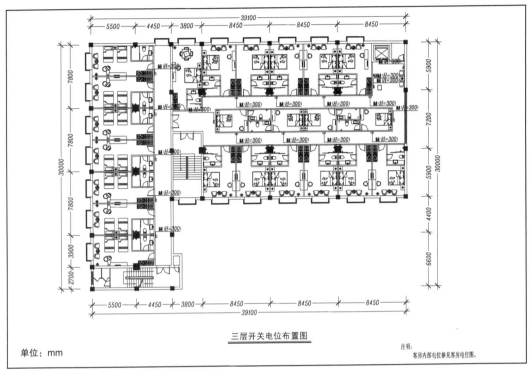

三层开关电位布置图

单位：mm

注明：
客房内部电位参见客房电位图。

▲　图3-33　三层开关电位布置图（制图：向玉洁　指导：杨清平）

（5）绘制给排水定位图（如图3-34至图3-39所示）。

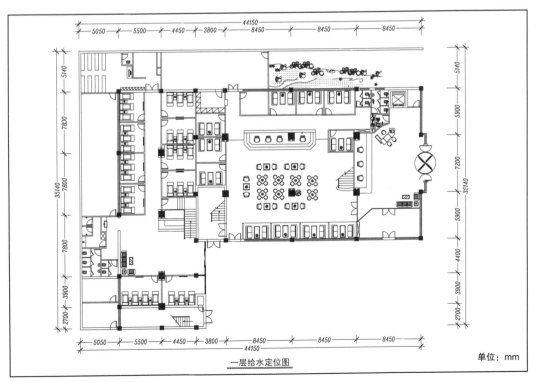

一层给水定位图

单位：mm

▲　图3-34　一层给水定位图（制图：向玉洁　指导：杨清平）

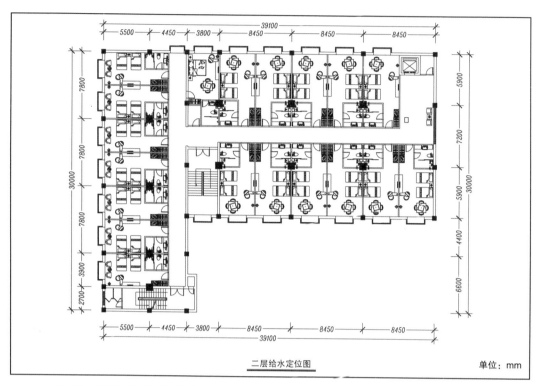

单位：mm

▲ 图3-35 二层给水定位图（制图：向玉洁 指导：杨清平）

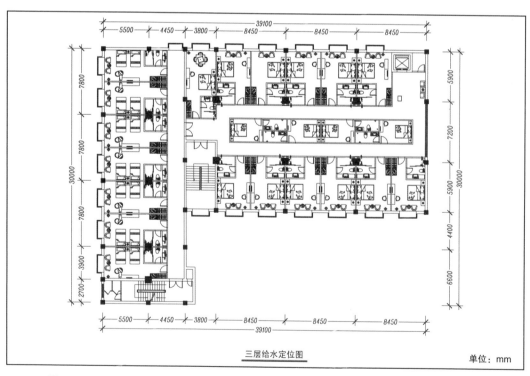

单位：mm

▲ 图3-36 三层给水定位图（制图：向玉洁 指导：杨清平）

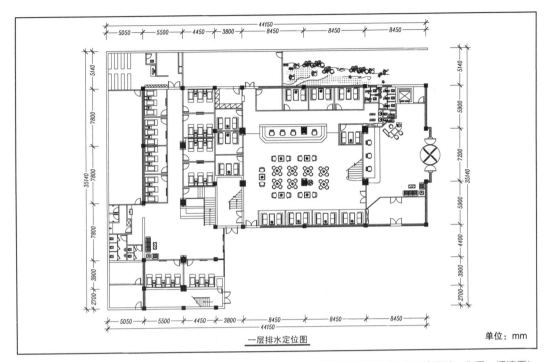

一层排水定位图

单位：mm

▲　图3-37　一层排水定位图（制图：向玉洁　指导：杨清平）

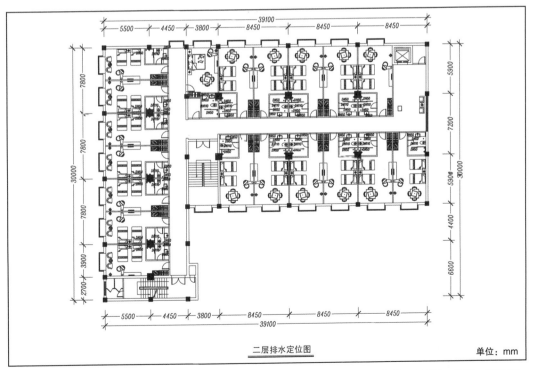

二层排水定位图

单位：mm

▲　图3-38　二层排水定位图（制图：向玉洁　指导：杨清平）

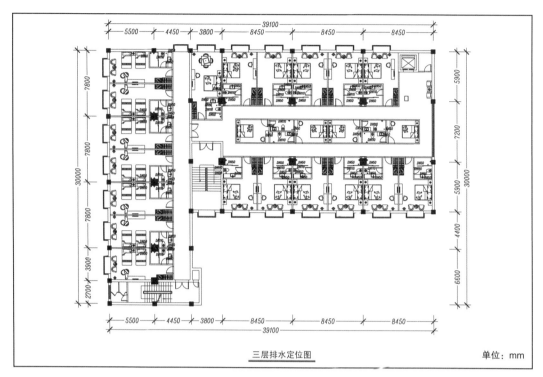

三层排水定位图   单位：mm

▲ 图3-39　三层排水定位图（制图：向玉洁　指导：杨清平）

（6）绘制节点、大样、剖面图（如图3-40至图3-54所示）。

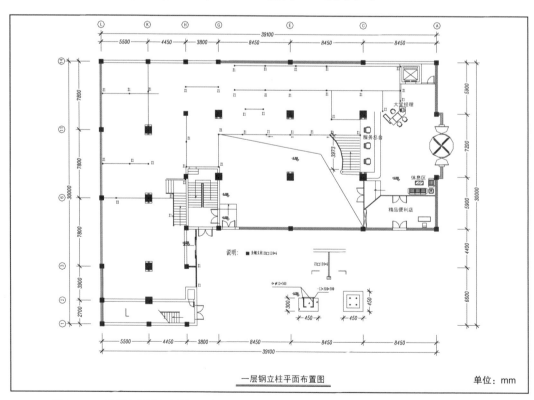

一层钢立柱平面布置图   单位：mm

▲ 图3-40　一层钢立柱平面布置图（制图：向玉洁　指导：杨清平）

结构设计说明

1.本工程为酒店局部结构改造，包括：

(1)在原建筑物一楼增设一个夹层，采用轻钢结构，具体另详钢结构专业图纸；

(2)在原建筑物东北角增设电梯一台，采用在原有结构梁上植筋生根技术；

(3)在原建筑物北侧增加附属用房(一)，在原建筑物西侧增加附属用房(二)，采用砖混结构；

(4)在原建筑物东侧增加地下消防水池，采用钢筋泥凝土结构；

(5)可能会将原建筑物的一根结构梁某个位置顶部切除。

2.建筑物设计使用年限：50年。建筑物安全等级：二级。

3.抗震基本设防烈度：6度。抗震设防类别：丙类。

4.标准值：

基本风压：0.35kN/m²。钢筋混凝土层面：0.7kN/m²。包厢、休息室：2.0kN/m²。

5.材料　混凝土：

垫层：C10。基础：C30。梁、板、柱：C30。

钢筋：HPB235(f_y=210N/mm²)，HRB335(f_y=300N/mm²)，HRB400(f_y=360N/mm²)

钢筋：外墙采用200厚Mu10烧结多孔砖，用M50水泥砂浆砌筑；内墙采用轻质墙板。

6.梁柱的纵向钢筋直径大于20时采用焊接，其余均可采用绑扎。混凝土构件内纵向受拉钢筋最小锚固长度：HPB235级钢28d，HRB335级钢35d。

7.钢筋混凝土保护层厚度：

承台：40。柱：30。梁：25。

8.图中所示均为建筑标高，结构标高比建筑标高低30。

9.其余未尽事宜均按有关施工和验收规范执行。

结构改造说明：

1.新增架板与已建砼墙连接均应采用生根技术植筋处理，植筋深度不小于15d。

2.新老砼接触面应凿毛。

3.图中浅色线表示已建建筑，深色线为新增梁板。

4.新增梁板混凝土为C30；钢筋为HRB400。

5.植筋处须由有专业资质的施工单位施工，并且有相应的施工经验。

6.在拆除原结构构件时须轻敲，严禁动用大锤以免扰动原有结构造成安全隐患。

梁植筋于原框架柱大样

板植筋于原框架梁大样

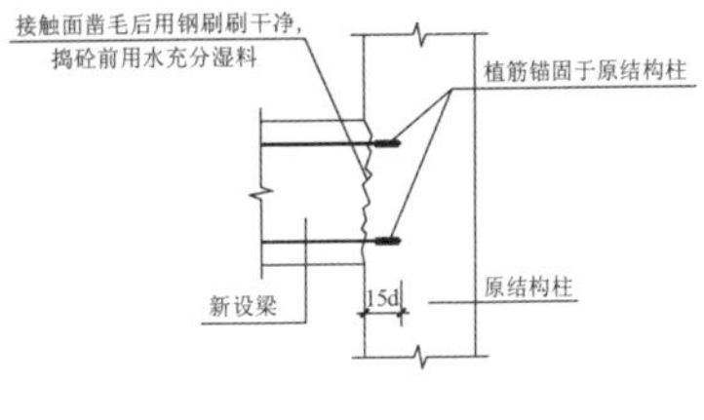

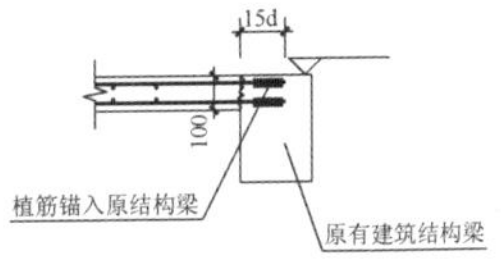

单位：mm

图3-41　结构设计说明（制图：向玉洁　指导：杨清平）

说明：需根据标准层原有结构梁的位置及尺寸

电梯井基础布置图

说明：1.电梯井钢筋混凝土底板板厚为200，配筋为双层双向φ12@200。
2.剪力墙Q1为200厚，配筋为水平钢筋10C150,坚向钢筋为8C150。
3.基础支承于老土层上，北面承载力特征值为180kPa。

电梯机坑基础图

说明：1.施工该电梯井需将其在所在跨的原有楼板敲打。
2.需根据标准层原有结构梁的位置及尺寸。

标准层电梯井梁配筋图

标准层电梯井板配筋图

单位：mm

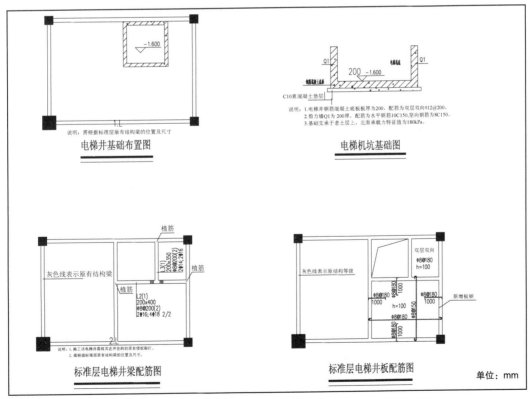

图3-42　电梯结构图（制图：向玉洁　指导：杨清平）

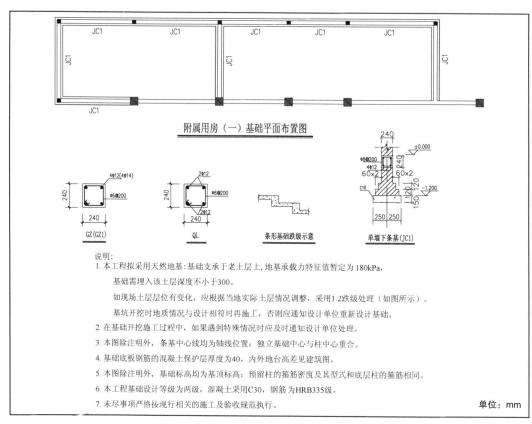

说明：
1. 本工程拟采用天然地基：基础支承于老土层上，地基承载力特征值暂定为180kPa，
   基础需埋入该土层深度不小于300。
   如现场土层层位有变化，应根据当地实际土层情况调整，采用1:2跌级处理（如图所示）。
   基坑开挖时地质情况与设计相符时再施工，否则应通知设计单位重新设计基础。
2. 在基础开挖施工过程中，如果遇到特殊情况时应及时通知设计单位处理。
3. 本图除注明外，条基中心线均为轴线位置；独立基础中心与柱中心重合。
4. 基础底板钢筋的混凝土保护层厚度为40，内外地台高差见建筑图。
5. 本图除注明外，基础标高均为基顶标高；预留柱的箍筋密度及其型式和底层柱的箍筋相同。
6. 本工程基础设计等级为两级，混凝土采用C30，钢筋为HRB335级。
7. 未尽事项严格按现行相关的施工及验收规范执行。

单位：mm

▲ 图3-43 附属用房（一）基础平面布置图（制图：向玉洁 指导：杨清平）

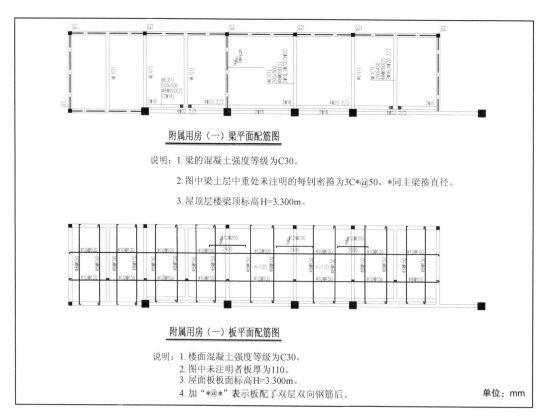

附属用房（一）梁平面配筋图

说明：1. 梁的混凝土强度等级为C30。
    2. 图中梁土层中重处未注明的每钉密箍为3C*@50，*同主梁箍直径。
    3. 屋顶层楼梁梁顶标高H=3.300m。

附属用房（一）板平面配筋图

说明：1. 楼面混凝土强度等级为C30。
    2. 图中未注明者板厚为110。
    3. 屋面板板面标高H=3.300m。
    4. 加"*@*"表示板配了双层双向钢筋后。

单位：mm

▲ 图3-44 附属用房（一）梁和板平面配筋图（制图：向玉洁 指导：杨清平）

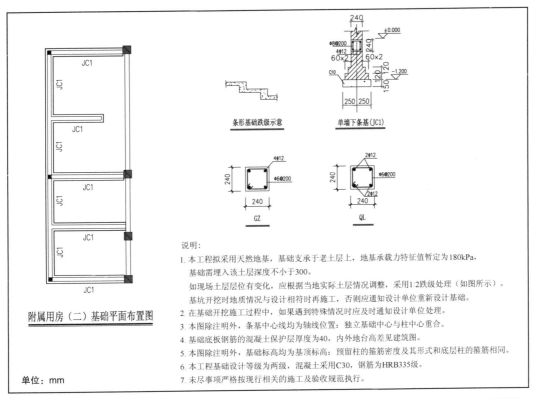

单墙下条基(JC1)

条形基础跌级示意

GZ

QL

附属用房（二）基础平面布置图

单位：mm

说明：
1. 本工程拟采用天然地基，基础支承于老土层上，地基承载力特征值暂定为180kPa，
基础需埋入该土层深度不小于300。
如现场土层层位有变化，应根据当地实际土层情况调整，采用1:2跌级处理（如图所示）。
基坑开挖时地质情况与设计相符时再施工，否则应通知设计单位重新设计基础。
2. 在基础开挖施工过程中，如果遇到特殊情况时应及时通知设计单位处理。
3. 本图除注明外，条基中心线均为轴线位置；独立基础中心与柱中心重合。
4. 基础底板钢筋的混凝土保护层厚度为40，内外地台高差见建筑图。
5. 本图除注明外，基础标高均为基顶标高；预留柱的箍筋密度及其形式和底层柱的箍筋相同。
6. 本工程基础设计等级为两级，混凝土采用C30，钢筋为HRB335级。
7. 未尽事项严格按现行相关的施工及验收规范执行。

▲ 图3-45　附属用房（二）基础平面布置图（制图：向玉洁　指导：杨清平）

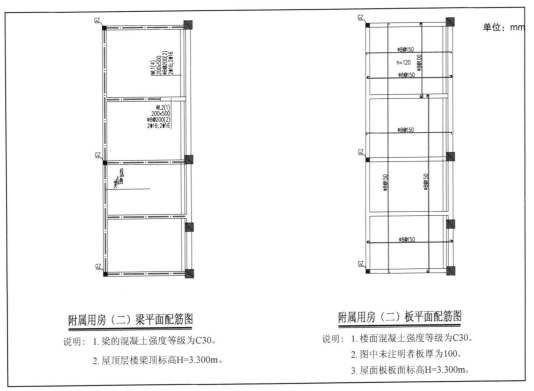

单位：mm

附属用房（二）梁平面配筋图

说明：1. 梁的混凝土强度等级为C30。
　　　2. 屋顶层楼梁顶标高H=3.300m。

附属用房（二）板平面配筋图

说明：1. 楼面混凝土强度等级为C30。
　　　2. 图中未注明者板厚为100。
　　　3. 屋面板板面标高H=3.300m。

▲ 图3-46　附属用房（二）梁和板平面配筋图（制图：向玉洁　指导：杨清平）

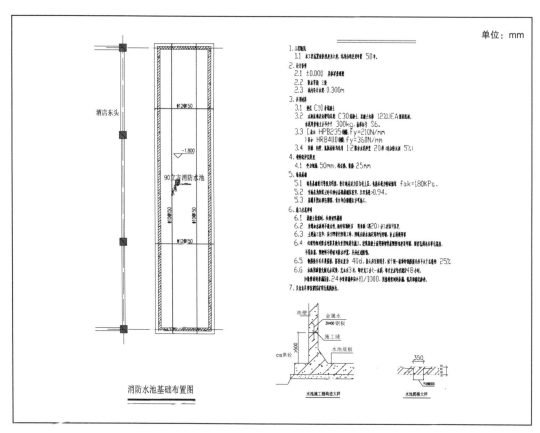

图3-47 消房水池基础布置图（制图：向玉洁 指导：杨清平）

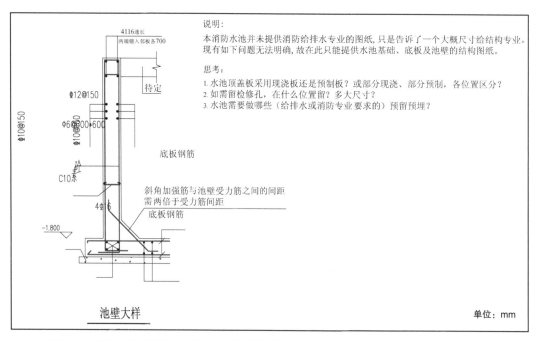

说明：
本消防水池并未提供消防给排水专业的图纸，只是告诉了一个大概尺寸给结构专业。现有如下问题无法明确，故在此只能提供水池基础、底板及池壁的结构图纸。

思考：
1. 水池顶盖板采用现浇板还是预制板？或部分现浇、部分预制，各位置区分？
2. 如需留检修孔，在什么位置留？多大尺寸？
3. 水池需要做哪些（给排水或消防专业要求的）预留预埋？

图3-48 池壁大样（制图：向玉洁 指导：杨清平）

单位：mm

新增小柱(Z1)　　原有结构柱

新增小柱(Z2)　　在原有结构柱的两侧
　　　　　　　　分别新增一个小柱

　　　　　　　　原有结构梁

　　　　　　　　原有结构柱

截断梁平面示意

Z1

4Φ18
Φ8@100

L1

2Φ16
Φ8@100
2Φ18

原有结构梁

原有结构梁很重要，可能被管均匀对接，
具体位置视管距长度而定

原有结构梁

新增轻钢的夹层

柱子之间增
设小柱(L1)

原有结构柱

新增小柱（Z1）从基础的顶面直至硬基础挖底即可，
柱子钢筋通过植筋技术植入到原有结构梁中

截断梁立面示意

Z1基础图

6Φ12@200

1-1

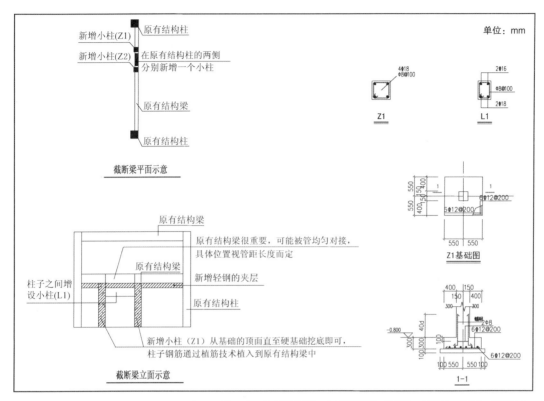

▲　图3-49　截断梁平面、立面示意图（制图：向玉洁　指导：杨清平）

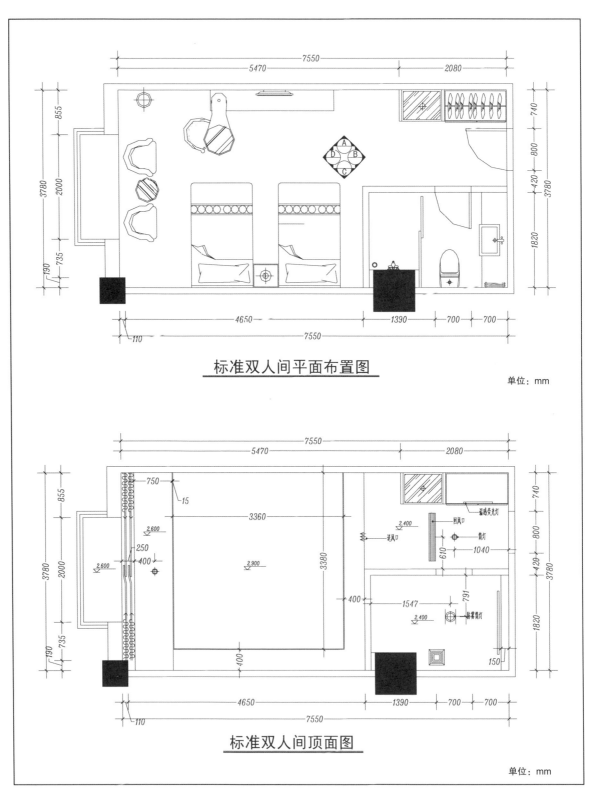

标准双人间平面布置图

单位：mm

标准双人间顶面图

单位：mm

图3-50　标准双人间平面布置图及顶面图（制图：向玉洁　指导：杨清平）

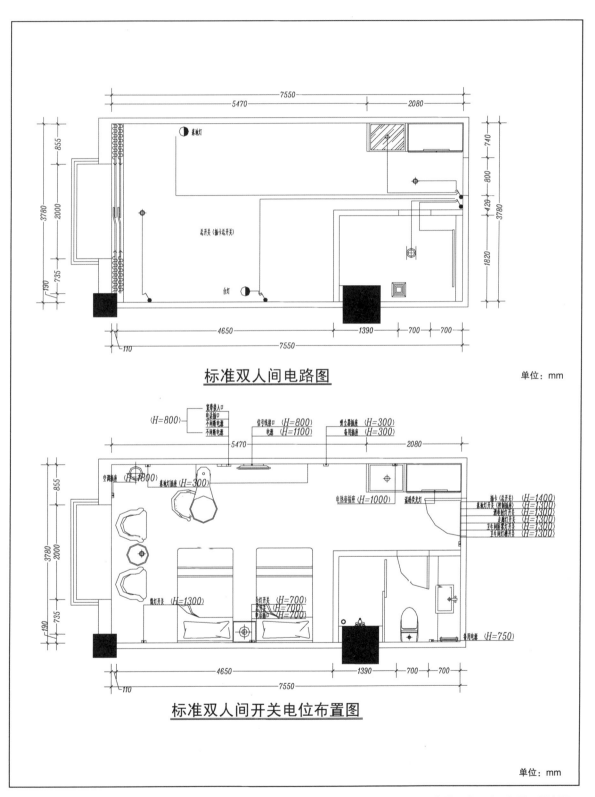

标准双人间电路图

单位：mm

标准双人间开关电位布置图

单位：mm

▲　图3-51　标准双人间电路图及开关电位布置图（制图：向玉洁　指导：杨清平）

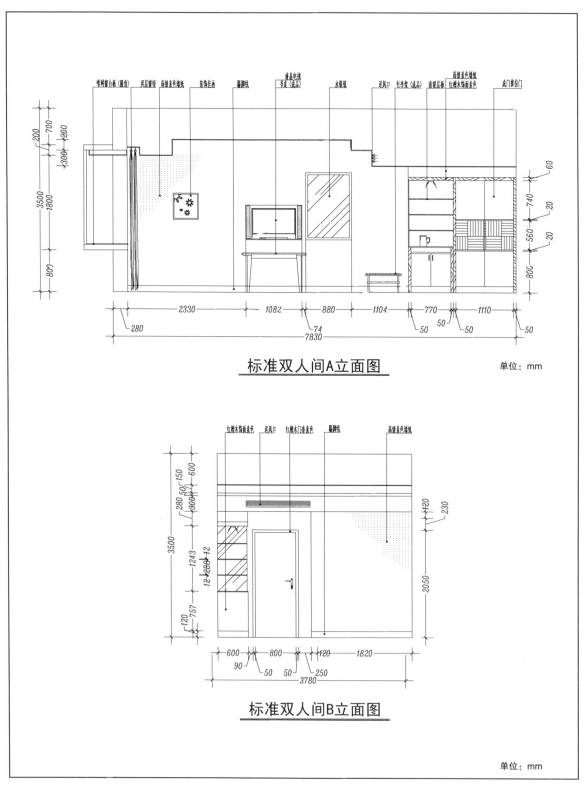

标准双人间A立面图

单位：mm

标准双人间B立面图

单位：mm

▲ 图3-52　标准双人间A、B立面图（制图：向玉洁　指导：杨清平）

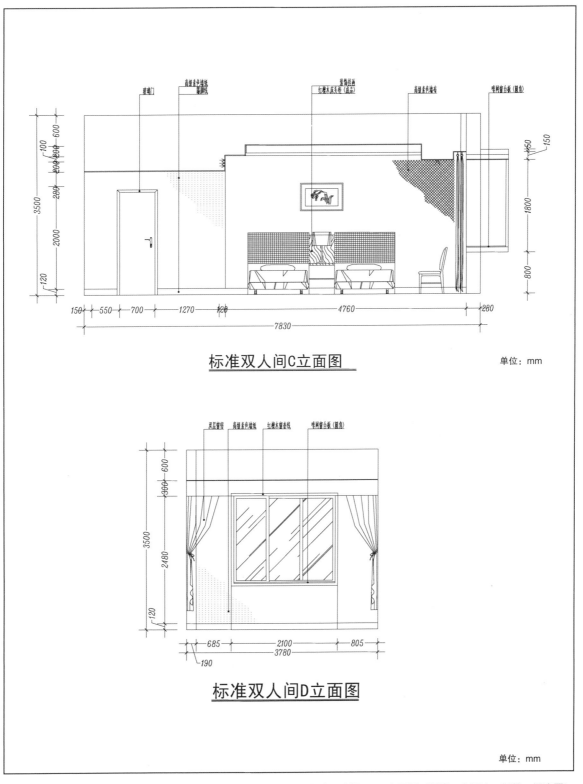

标准双人间C立面图

单位：mm

标准双人间D立面图

单位：mm

▲ 图3-53 标准双人间C、D立面图（制图：向玉洁 指导：杨清平）

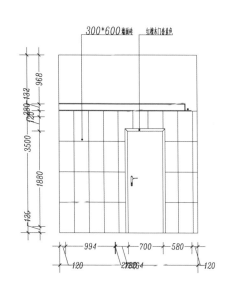

标准卫生间A立面图

单位：mm

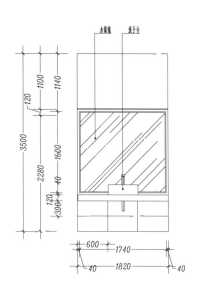

标准卫生间B立面图

单位：mm

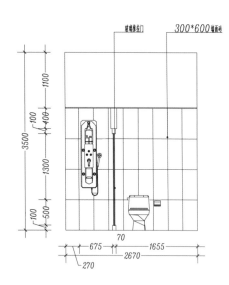

标准卫生间C立面图

单位：mm

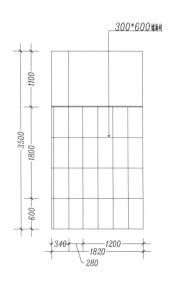

标准卫生间D立面图

单位：mm

图3-54　标准卫生间立面图（制图：向玉洁　指导：杨清平）

三、计算机效果图

计算机效果图的绘制主要运用以下四种软件。

（1）使用AutoCAD软件绘制建模尺寸图。

（2）使用3ds Max软件进行三维建模。

（3）使用Lightscape软件进行光能传递与渲染，或者使用V-Ray渲染。

（4）使用Photoshop软件进行后期处理与出图（如图3-55至图3-65所示）。

▲　图3-55　效果图（1）（制图：向玉洁、肖军、雷滕娇、金思燕　指导：杨清平）

▲　图3-56　效果图（2）（制图：向玉洁、肖军、雷滕娇、金思燕　指导：杨清平）

图3-57　效果图（3）(制图：向玉洁、肖军、雷滕娇、金思燕　指导：杨清平)

图3-58　效果图（4）(制图：向玉
洁、肖军、雷滕娇、金思燕　指
导：杨清平)

图3-59　效果图（5）(制图：向玉
洁、肖军、雷滕娇、金思燕　指
导：杨清平)

图3-60 效果图（6）（制图：向玉洁、肖
军、雷滕娇、金思燕 指导：杨清平）

图3-61 效果图（7）（制图：向玉洁、肖
军、雷滕娇、金思燕 指导：杨清平）

图3-62 效果图（8）（制图：
向玉洁、肖军、雷滕娇、金思
燕 指导：杨清平）

▲ 图3-63 效果图（9）(制图：向玉洁、肖军、雷滕娇、金思燕　指导：杨清平)

▲ 图3-64 效果图（10）(制图：向玉洁、肖军、雷滕娇、金思燕　指导：杨清平)

▲ 图3-65　效果图（11）（制图：向玉洁、肖军、雷滕娇、金思燕　指导：杨清平）

四、口头表达

设计师应具有利用口头和文字两种方式表述方案设计思维的能力。

（1）以设计说明形式表述方案（如图3-66至图3-69所示）。

（2）以口头形式表述设计方案。

设计师应与客户沟通，并将自己的设计意图、设计效果告知客户，以得到客户的认可与赞同。

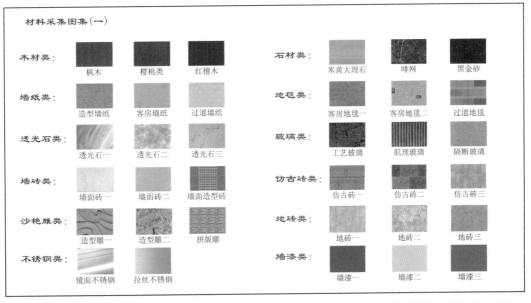

▲ 图3-66　运用色彩样本进行设计补充说明

▲ 图3-67 运用家具样本进行设计补充说明

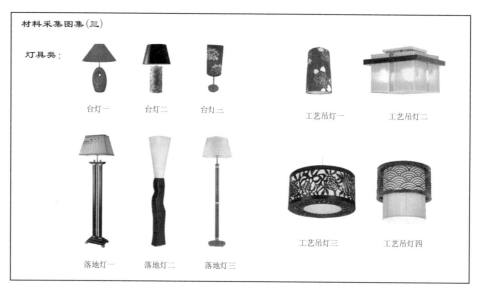

▲ 图3-68 运用灯具样本进行设计补充说明

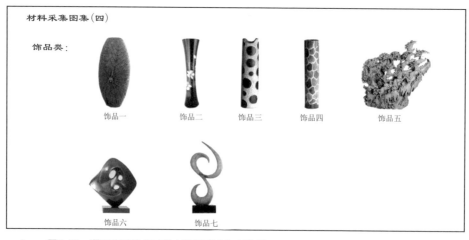

▲ 图3-69 运用陈设艺术品样本进行设计补充说明

第五节
公共空间设计的实施

一、施工组织

对于工程规模大、结构复杂、技术要求高，采用新结构、新技术、新材料和新工艺的拟建工程项目，设计师或设计团队必须编制内容详尽的完整施工组织设计。

施工组织是用来指导工程施工全过程中各项活动的技术、经济和组织的综合性文件。它的重要性主要表现在以下几个方面。

首先，施工组织必须详细研究工程特点、地区环境和施工条件，从施工的全局和技术经济的角度出发，遵循施工工艺的要求，合理地安排施工过程的空间布置和时间安排，科学地组织物质资源的供应和消耗，把施工中的各单位、各部门及各施工阶段之间的关系更好地协调起来。这就需要设计师或设计施工团队在拟建工程开工之前进行统一部署，并通过施工组织设计科学地表达出来。

其次，施工阶段是基本建设中最重要的一个阶段。认真地编制好施工组织设计，对于保证施工阶段的顺利进行、实现预期的效果，有很重要的意义。

最后，在保证项目按期交付使用方面，施工组织还对建筑企业的施工计划起决定和控制性的作用。

二、施工管理

施工管理实际上是生产经营活动的基础，是创造效益的最前线，同时，它也是企业整体管理工作中最重要的组成部分。从某种意义上说，现场管理水平代表了施工管理水平，也是施工企业生产经营建设的综合表现。

（一）技术管理

一个工程项目，特别是装饰工程，其施工工艺复杂，材料品种繁多，各施工工种班组多。这就要求现场施工管理人员务必做好技术准备。

首先，现场施工管理人员必须熟悉施工图纸，针对具体的施工合同要求，最大限度地优化每一道工序、每一分项（部）工程；同时，考虑自身的资源（施工队伍、材料供应、资金、设备等）及气候等条件，认真、合理地做好施工组织计划，并以横道图表示出来，从大到小、由面及点，确保每一分项（部）工程能纳入受控范围之中。

其次，针对工程特点，除了做出合理的施工组织计划外，现场施工管理人员还必须在具体的施工工艺上做好技术准备，特别是高新技术要求的施工工艺。

（二）材料管理

相对于土建施工，装饰工程有其固有的特点，主要的一点就是，其所需的材料种类繁多，并且经常要考虑许多最新的材料的问题。因此，针对材料的问题，必须注意以下几个方面：

1. 材料供应

材料供应需要配合设计方确定所需材料的品牌、材质、规格，精心测算所需材料的数量，组织材料商供货。

2. 材料采购

面对品类繁多的材料采购单，材料采购员必须将数量（含实际损耗）、品牌、规格、产地等一一标记清楚，尺寸、材质、模板等必须一次到位，以避免订购的材料不符合要求，进而影响工程进度。

3. 材料分类堆放

根据现场的实际情况及进度，管理人员要合理安排材料进场，对材料做进场验收、抽检抽样，并报检于客户和设计单位。之后，将材料整理分类，根据施工组织平面布置图将材料归类堆放于不同场地的指定位置。

4. 材料发放

进场材料要清验造册登记，严格按照施工进度凭材料出库单发放使用，并且需对发放的材料进行追踪，避免材料丢失，或者浪费，特别是要对型材下料这一环节严格控制。对于材料的库存量，库管人员务必及时整理盘点，并注意对各种材料分类堆放，易燃品、防潮品均需采取相应的材料保护措施。

（三）施工监测管理

施工的关键是进度和质量。对于进度，原则上按原施工组织计划执行。但对于一个项目而言，现场情况千变万化，如材料供应、设计变更等在所难免。所以，施工管理绝对不能模式化，必须根据实际情况进行调整与安排。施工质量要想得到保证，最主要的是必须严格按照相关的国家规范和有关标准的要求来完成每一道工序，严禁偷工减料；必须贯彻执行"三检"制，即自检、专检、联检，通过层层的检查、验收后方允许进入下一道工序，从而确保整个工程的质量。

（四）施工人员管理

从一定意义上来说，人是决定工程成败的关键。所有的工程项目均是通过人将材料组织而完成的。只有拥有一支富有创造力的、制度严格的施工队伍才能完成一项质量优良的工程项目。首先，必须营造出一种荣辱与共的氛围，职责分明但不失亲和力，让所有的员工都感到自己是这个项目的大家庭中的一员。这些，就需要施工现场管理人员充分发挥自己的才智，对员工奖罚分明，多鼓励、多举办各类生产生活竞赛活动，从精神、物质上双管齐下，培养凝聚力。其次，必须明确施工队伍的管理体制，各岗位职责，权利明确，做到令出必行。面对工期紧逼、技术复杂的工程，只有纪律严明的施工队伍，坚决服从指挥，才能按期保质完成施工任务。最后，针对具体情况适当使用经济杠杆的手段，对施工人员管理必定能起到意想不到的作用。

（五）资料管理

一个项目的管理，除了技术、材料、施工、人员的管理以外，还有一个不容忽视的问题——资料的管理。任何项目的验收，都必须有竣工资料这一项。竣工资料包含材料合格证、检验报告、竣工图、验收报告、设计变更、测量记录、隐蔽工程验收单、有关技术参数测定验收单、工作联系函、工程签证等，这些都要求在整个项目施工过程中一一收集、归类和存档。如果有遗漏，将给竣工验收和项目结算带来不必要的麻烦，有的损失甚至是无法估量的。

（六）成品保护管理

装饰工程的特点决定了其成品保护至关重要。作为最后一道工序，成品保护不力造成的任何细微的破坏都会从整体上破坏空间的美感和工程验收。

三、交付使用

工程验收所涉及的主要内容有：饰面板（砖）工程、涂料工程、裱糊工程、吊顶工程、门窗工程、细木制品工程、木地板工程、地毯工程、锦缎软包工程、电气工程、卫生器具及管道安装、燃气用具及管道安装、空调工程、消防工程、空间改造工程。在这些验收项目均达到国家标准之后，该公共空间就可以交付给客户使用了。

本章小结

各种公共空间设计是室内设计的主要内容，本章的学习是通过真实设计项目的演练使学生从中了解各种公共空间设计的实践程序，培养学生与客户交流沟通的能力、与项目组同事的团队协作精神和自主创新的能力；同时，培养学生的方案表达和绘图能力。

思考练习

1.项目设计之初，作为设计师应该做些什么前期工作？

2.在项目设计的过程中，如何使设计方案更符合施工需求？

3.项目设计大概需要经过多少程序？各个程序的核心是什么？

实训项目

根据教材提供的基建图，在一层进行超市设计。

实训要求：

1.功能分区合理，功能分区符合空间使用要求；

2.设计方案具有地域特色；

3.施工图纸齐全、完整。

第四章
公共空间设计
实例赏析

本章以公共空间设计的实际案例欣赏为主。学习完本章内容后，学生要能掌握各类公共空间设计在现实生活中的运用情况，要能准确把握公共空间设计的原理、原则、要素、施工标准制图等理论知识。学生可以从案例中学习到装饰材料的具体运用，为今后从事公共空间设计工作培养良好的专业素质。

设计与实践的审美过程

1. 设计审美的表达

设计审美的表达主要是科学地运用设计的原理、原则、风格等要素，通过适当的空间构造与组织，使用恰当的表达方式把设计师对空间的理解在二维图形上进行描述。设计审美的表达可以采用设计形式、功能空间、施工技术、建筑材料以及色彩、图案等方式。当然，设计审美表达的基础是功能空间布局的合理性。

2. 实践审美的表达

实践是设计方案得以实现的整体过程，是设计师对设计理解的物质诠释。实践是设计方案从内容表现到形式表现的具体转化过程。在"公共空间设计"课程中，实践的方式表现为：施工图制作规划、施工技术指导、方案局部修改与变更、材料肌理和色彩搭配、造型收口处理、后期软饰设计、竣工图制作等。实践实施过程同样考量着设计师的审美能力。因为在实践中，设计尺寸与施工现场会存在差异，参考材质与实际运用材质也会存在差异等，这就要求设计师有现场处理能力和局部造型的修改能力。

设计审美与实践审美在整个项目实施过程中是相辅相成的。设计是前提，实践是目标。一个优秀的公共空间设计师必须懂得设计与实践之间的相互关系，懂得设计之美与实际表现之美的差别，懂得运用后期设计弥补先期设计的不足。

实例一　湖南益阳市博物馆空间设计

一、实例赏析要点

（1）空间安排合理，参观流线科学。

（2）展览陈设符合人的视觉生理习惯。

（3）照明设计既能保证展览效果又符合视觉卫生。

（4）方案设计具有明显的区域性特征。

（5）方案设计符合消防安全性能。

二、设计项目所在地概述

益阳位于湖南省中北部。早在新石器时代晚期，该地区境内就有人类繁衍生息。出土文物证明，距今5000年左右，在今安化县马路口、江南、南县北河口，赫山区邓石桥和沅江市漉湖等地，就已形成村落。该市境属亚热带大陆性季风湿润气候，境内阳光充足、雨量充沛、气候温和，是一个山清水秀、环境适宜的风景胜地。

益阳是远近闻名的"小有色金属之乡"。全市土地质量较好，适宜种植多种作物。中部丘陵岗地，土壤多属板页岩风化而成，呈酸性，含养分较高，是南竹、油茶、茶叶、果木等经济林生产区。益阳是全国有名的"竹子之乡"，楠竹、茶叶产量居全省第一。

三、方案设计概述

1. 空间规划

益阳市博物馆整个空间面积约2000平方米。近似"L"形的建筑空间给人以现代感。空间划分以展示内容为主线，以时空发展为流向。在不同历史时期的展区以折线式的观展线路为脉络，在产业发展展示区的观展流线成"回"字形。同时，为了方便游客参观和学者进行学术交流，在空间布置上，设计了学术报告厅、试听区、互动室、休息区等功能区。空间分布科学合理，总体布局既满足了游客参观的需要，又满足了学术交流的需要。

2. 风格确立

作为地方性的历史博物馆，体现历史发展脉络和文化底蕴成为设计主题确立的突破口。为了充分展示湖湘文化特色及发展历程，展示益阳的地方性特征，设计师将写实与抽象两种设计手法进行糅合。在设计表现手法和风格上，中式创意展示出来的历史厚重感、文化韵味以及地方性特征极为突出。

3. 材料运用

空间设计的地面铺设以仿古麻石、卷材地胶、米黄地砖、万年青拉丝石、木纹石材、仿黄土地面、实木方做旧为主，顶面以埃特板刷白、黑色铝格栅为主。

其效果表现如图4-1至图4-19所示。

▲　图4-1　序厅设计　仿古麻石与做旧实木方为地面铺设主材，顶面的埃特板刷白和黑色铝格栅与之相呼应，立面的处理为文字叙述与场景雕塑相结合。整个空间展示出简练、厚重的氛围

　▲　图4-2　史前文化馆　地面铺设仿古麻石，顶面用黑色铝格栅吊顶，立面用仿花岗岩与红砖饰面辅以出土文物展柜。灯光采用局部照明方式，烘托出原始生态环境

图4-3　青铜文化
地面铺设卷材地胶，
顶面用黑色铝格栅吊
顶，立面用树脂翻模
浮雕仿青铜效果与钢
化玻璃饰面辅以出土
文物展柜。灯光采用
局部照明方式，营造
出具有深厚文化底蕴
的氛围

图4-4　楚越开发馆　地面铺设卷材地胶，顶面用黑色铝格栅吊顶，立面用树脂翻模浮雕仿青铜效果、山东白麻与钢
化玻璃饰面辅以出土文物展柜。灯光采用局部照明方式，在灰色主调中营造出悠远深邃的氛围

▲　图4-5　秦汉建制　地面铺设卷材地胶，顶面用黑色铝格栅吊顶，立面用树脂翻模浮雕仿青铜效果、山东白麻与钢化玻璃饰面辅以出土文物展柜。灯光采用局部照明方式。空间中的灰色主调带红色漆面营造尊贵、高雅的氛围

▲　图4-6　单刀赴会　地面铺设卷材地胶、仿古麻石，顶面用黑色铝格栅吊顶，立面用山东白麻。灯光采用局部照明方式。空间中的灰色中调与雕塑场景的亮色长调形成鲜明对比，表现关羽的英雄气概，也使空间的主题更加突出

▲ 图4-7　碧云峰禅师　地面铺设卷材地胶，顶面用埃特板刷白、黑色铝格栅吊顶，立面用山东白麻、展板、钢化玻璃。灯光采用局部照明方式。空间环境由黑、白、灰三色主导，注重体现佛教中修身养性、追求自然的特征。设计元素合理地运用体块构成与色彩搭配，体现了宁静、素远的境界

▲ 图4-8　唐宋人文　地面铺设卷材地胶，顶面用黑色铝格栅吊顶，立面用山东白麻、画卷、水曲柳实木扫素色亚光漆。灯光采用聚光照明方式，在厚重的色彩衬托下，诗画成为该空间的视觉中心

▲ 图4-9　宋元时期　地面铺设卷材地胶，顶面用黑色铝格栅吊顶，立面用山东白麻、钢化玻璃、树脂翻模浮雕仿砂岩效果造型。运用LED内发光作为主要照明方式，在整个空间中，轻盈与厚重、文化与科技并存

▼ 图4-10　梅山开发　地面铺设仿古麻石，顶面用黑色铝格栅吊顶，立面用水曲柳实木扫素色亚光漆、钢化玻璃、油画布喷绘效果造型。LED内发光、点光源等作为主要照明方式。在整个空间中，文物与仿实景的相得益彰使其透露出自然意境

▲ 图4-11 高山水稻 地面铺设卷材地胶，顶面用黑色铝格栅吊顶，立面用水沙盘、残片堆场做旧、钢化网、油画布喷绘效果造型。点光源等作为主要照明方式，通过仿真和造景手法展示高山水稻的发展历程

▲ 图4-12 千年窑火 地面铺设卷材地胶塑型，顶面用黑色铝格栅吊顶，立面用残片堆场做旧、红砖艺术处理、钢化玻璃、水曲柳饰面扫素色亚光漆造型。点光源与内发光等作为主要照明方式。采用仿真和造景手法展示古代陶瓷的生产方式，空间环境也具有古朴韵味

▲ 图4-13 粮仓益阳 地面铺设卷材地胶、做旧扫素色亚光漆实木条和仿古麻石，顶面用黑色铝格栅吊顶，立面用长幅画卷、钢化玻璃、水曲柳饰面扫素色亚光漆和仿古建筑造型。点光源与内发光等作为主要照明方式。采用仿真和造景手法展示益阳"鱼米之乡"这一美誉，空间环境也具有朴实无华的乡间情趣

▲ 图4-14 农具生产 地面铺设卷材地胶，顶面用黑色铝格栅吊顶，立面用生产情景喷绘、水曲柳饰面扫素色亚光漆和红砖做旧效果造型。点光源作为主要照明方式。采用仿真和造景手法充分展示农耕之乐

▲　图4-15　茶马古道　地面铺设卷材地胶、做旧扫素色亚光漆实木条和仿古麻石，顶面用黑色铝格栅吊顶，立面用水曲柳饰面扫素色亚光漆和表现生产茶叶过程的喷绘画作为主要设计元素。点光源作为主要照明方式。运用仿真和造景手法展示了茶叶生产是益阳自古以来的主要农业生产支柱

▲　图4-16　书院文化　地面铺设做旧青砖、仿真草皮，顶面用仿天空喷绘，立面用仿真古建筑作为主要设计元素。运用仿真和造景手法在空间中充分展示了书院文化的源远流长，使空间环境也具有深厚的文化底蕴

▲ 图4-17　益阳人杰　地面铺设卷材地胶，顶面用黑色铝格栅吊顶，立面用山东白麻、卷轴画、照片等作为设计元素。点光源作为主要照明方式。在整个空间中，厚重的文化历史和杰出人物的事迹展现出无限的张力

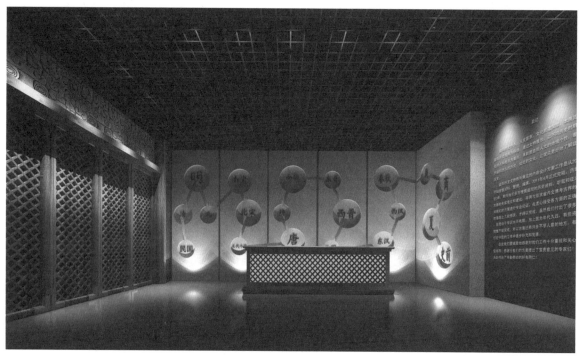

▲ 图4-18　尾厅　地面铺设卷材地胶，顶面用黑色铝格栅吊顶，立面用山东白麻、扫素色亚光漆水曲柳实木方格等作为设计元素。在整个空间中，色彩设计调和，造型手法统一，空间氛围素雅

▲　图4-19　学术报告厅　地面满铺地毯，顶面石膏板刷白，立面用扫素色亚光漆水曲柳饰面。整个空间以体、面为主要设计元素。空间氛围活泼而有理性，张扬中具有内涵

4.标准制图

该项目的施工图如图4-20至图4-73所示，单位均为mm。
（创意设计：聂正光　施工：湖南中诚设计装饰工程有限公司）

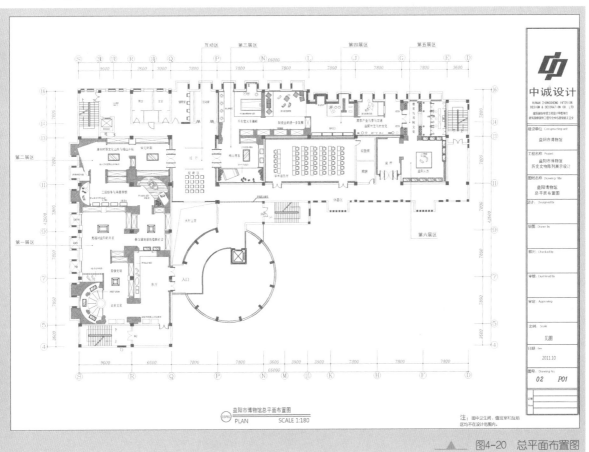

▲　图4-20　总平面布置图

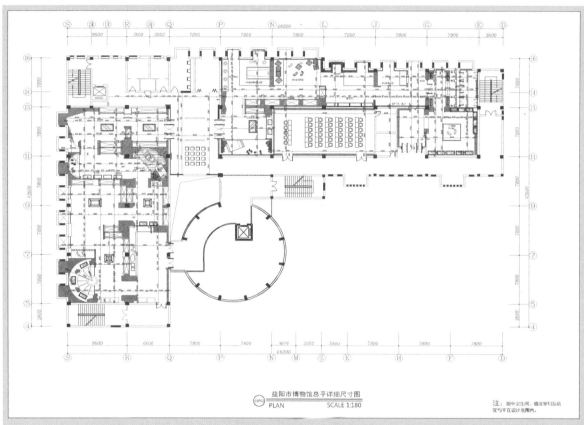

图4-21　总平详细尺寸图

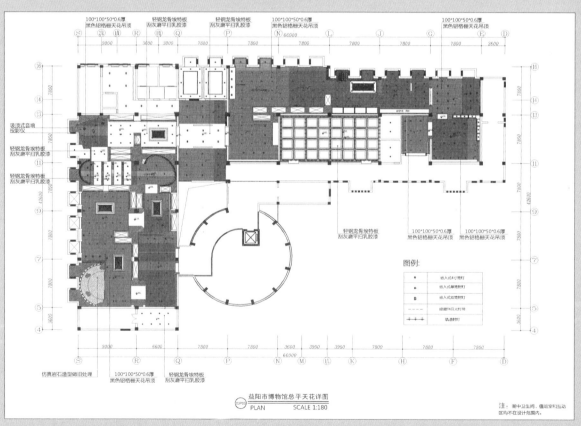

图4-22　总平天花详图

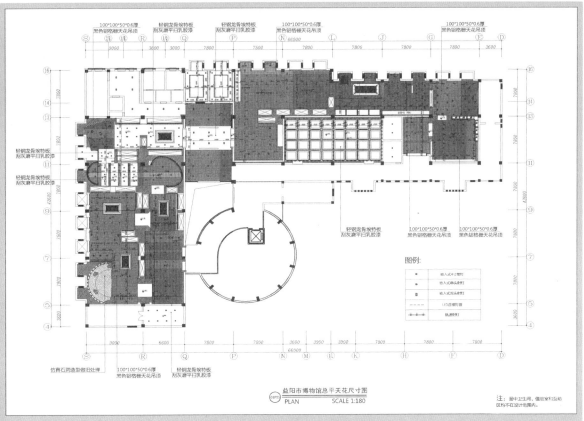

图4-23 总平天花尺寸图

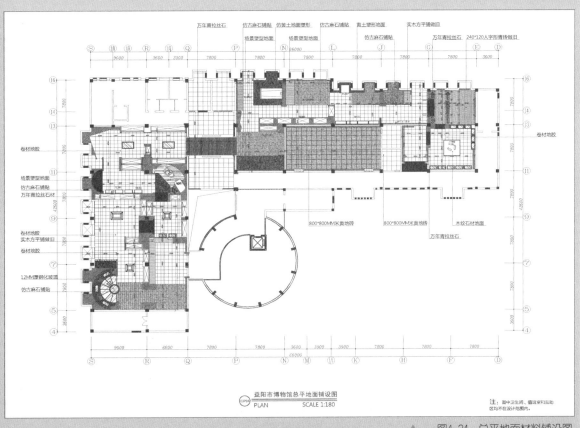

图4-24 总平地面材料铺设图

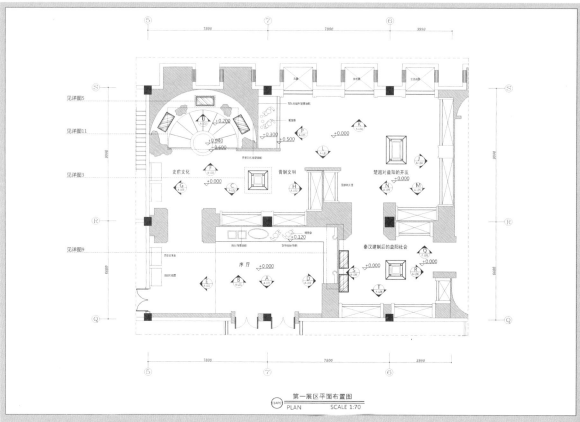

第一展区平面布置图
PLAN　　　SCALE 1:70

▲ 图4-25　第一展区平面布置图

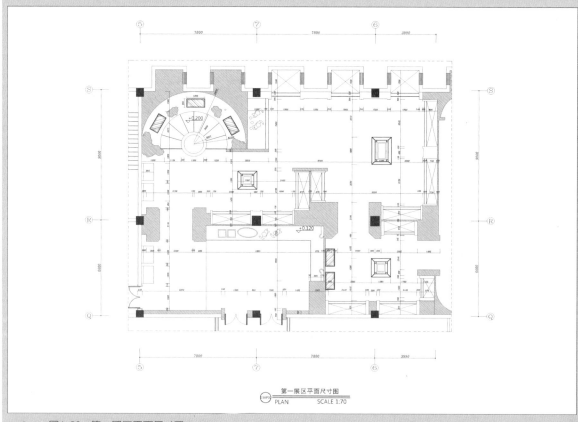

第一展区平面尺寸图
PLAN　　　SCALE 1:70

▲ 图4-26　第一展区平面尺寸图

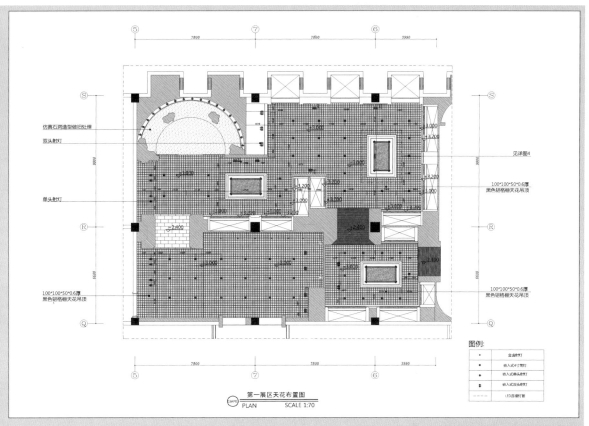

仿真石洞造型做旧处理

双头射灯

单头射灯

见详图4

100*100*50*0.6厚
黑色铝格栅天花吊顶

100*100*50*0.6厚
黑色铝格栅天花吊顶

图例:

	含金射灯
	进入式4寸筒灯
	进入式单头射灯
	进入式双头射灯
	LED连续灯管

第一展区天花布置图
PLAN　　　SCALE 1:70

▲　图4-27　第一展区天花布置图

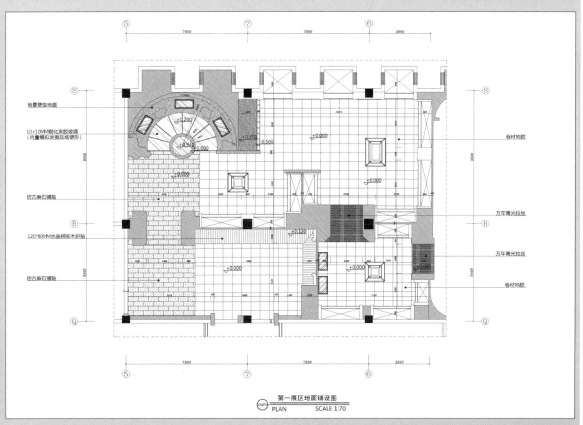

场景塑型地面

10+10MM钢化夹胶玻璃
(内置模拟发掘现场塑形)

仿古麻石铺贴

120*80MM水曲柳实木拼贴

仿古麻石铺贴

卷材地胶

万年青光拉丝

万年青光拉丝

卷材地胶

第一展区地面铺设图
PLAN　　　SCALE 1:70

▲　图4-28　第一展区地面铺设图

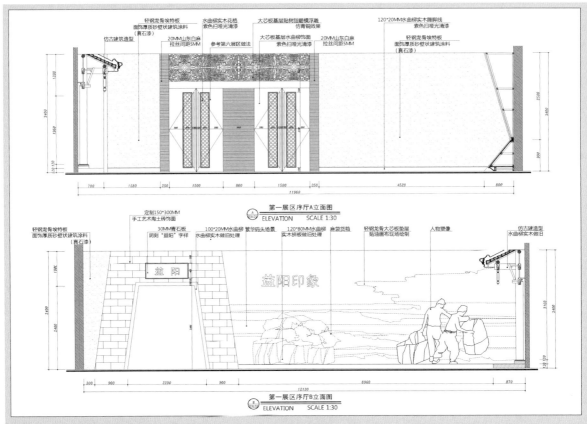

图4-29 第一展区序厅A、B立面图

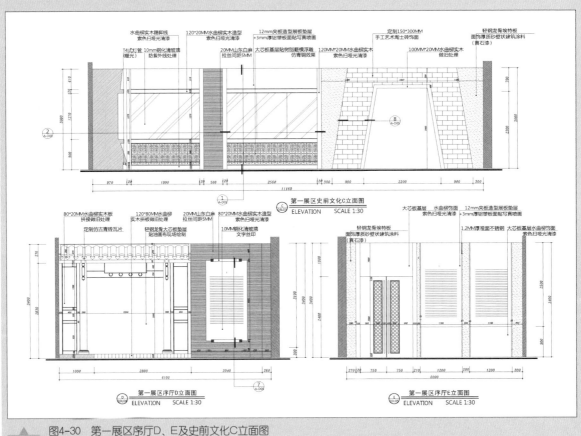

图4-30 第一展区序厅D、E及史前文化C立面图

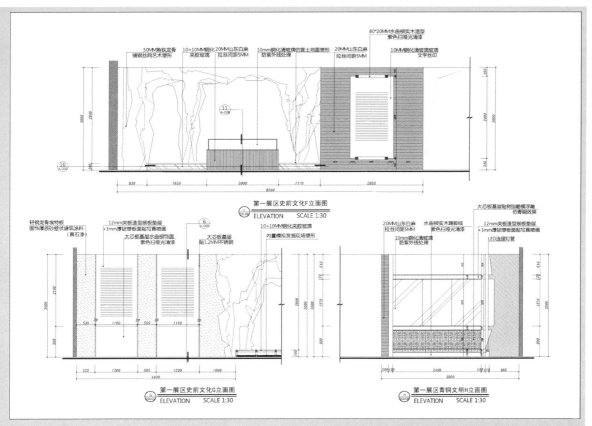

图4-31　第一展区史前文化F、G及青铜文明H立面图

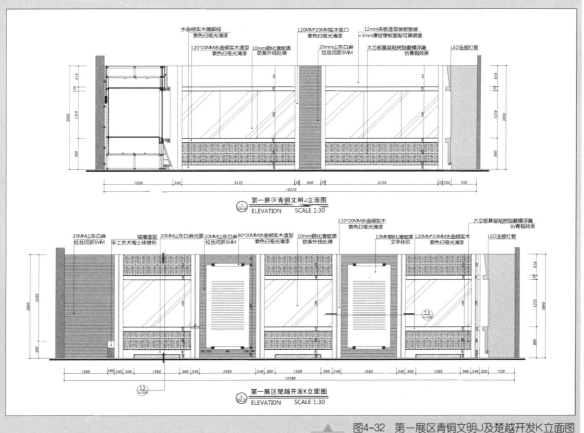

图4-32　第一展区青铜文明J及楚越开发K立面图

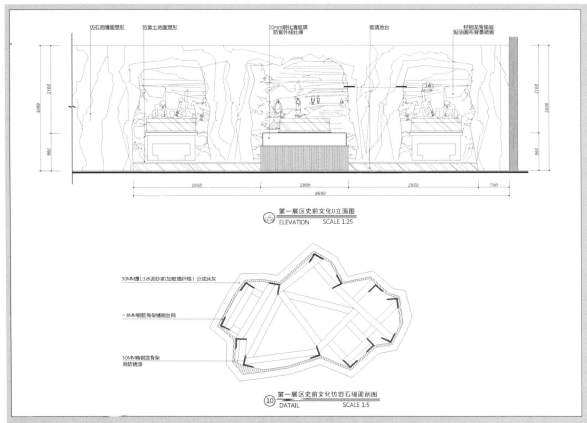

图4-33　第一展区史前文化U立面图及仿岩石墙面剖图

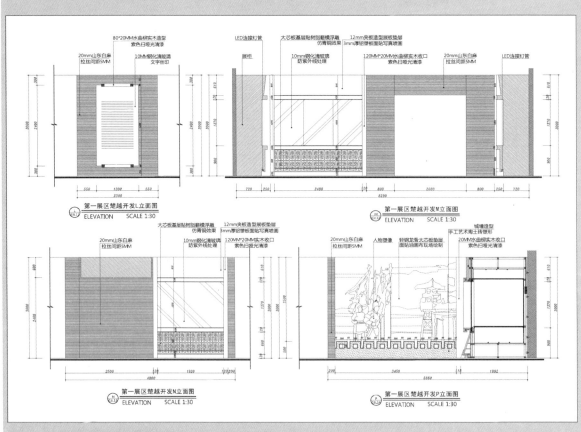

图4-34　第一展区楚越开发L、M、N、P立面图

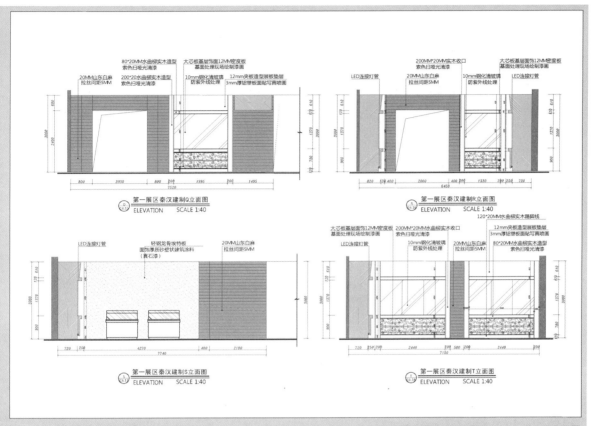

▲ 图4-35　第一展区秦汉建制Q、R、S、T立面图

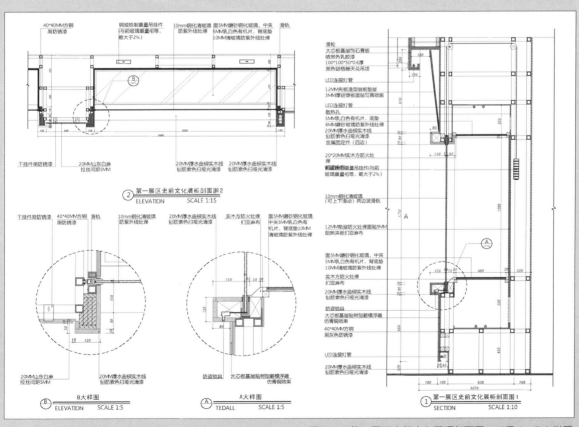

▲ 图4-36　第一展区史前文化展柜剖面图1、2及A、B大样图

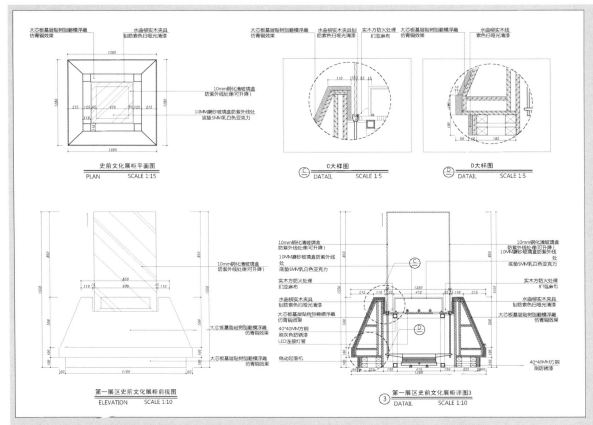

图4-37　第一展区史前文化展柜平面图、前视图及详图3和C、D大样图

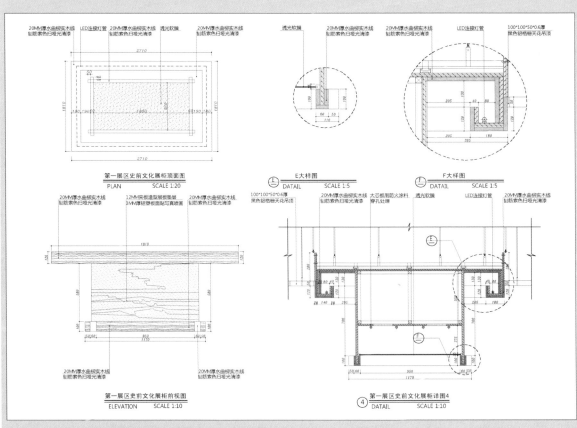

图4-38　第一展区史前文化展柜顶面图、前视图及详图4和E、F大样图

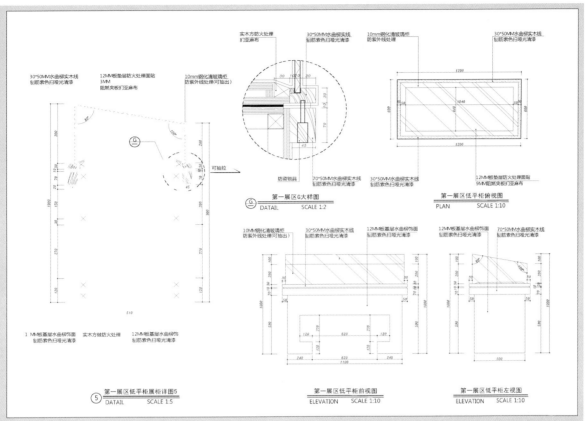

图4-39　第一展区低平柜三视图、G大样图及详图5

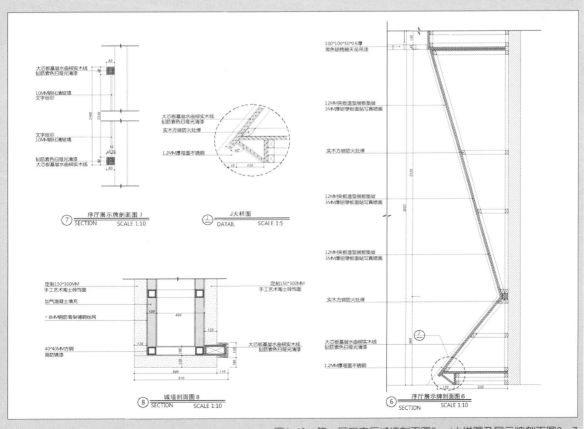

图4-40　第一展区序厅城墙剖面图8、J大样图及展示牌剖面图6、7

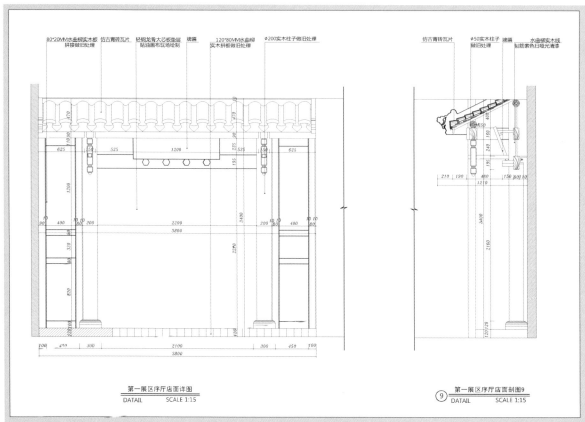

图4-41　第一展区序厅店面详图及剖图9

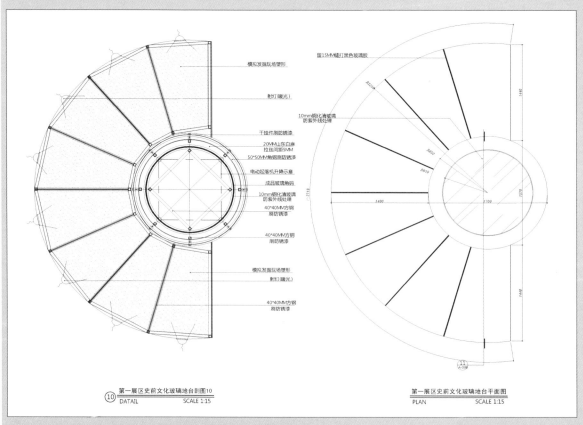

图4-42　第一展区史前文化玻璃地台平面图及剖图10

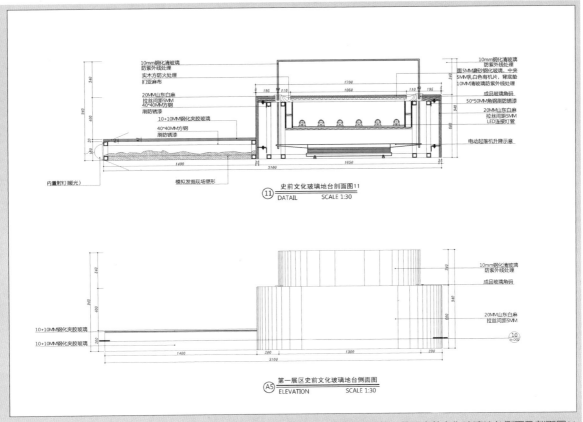

图4-43 第一展区史前文化玻璃地台侧面及剖面图11

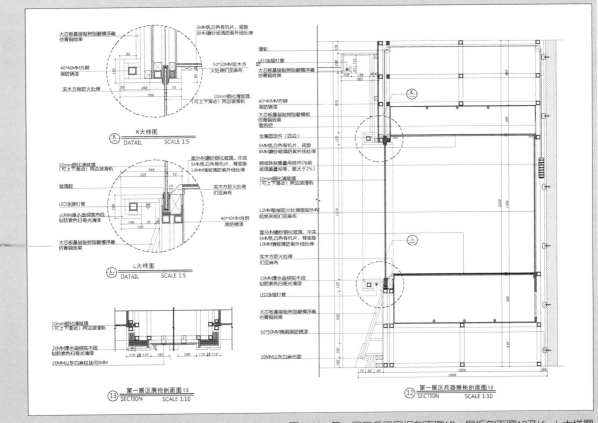

图4-44 第一展区兵器展柜剖面图12、展柜剖面图13及K、L大样图

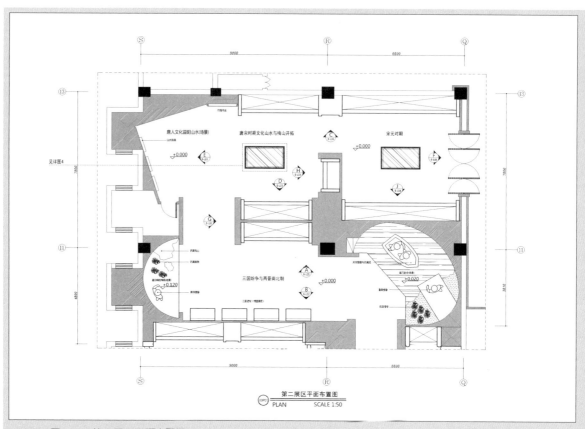

图4-45　第二展区平面布置图

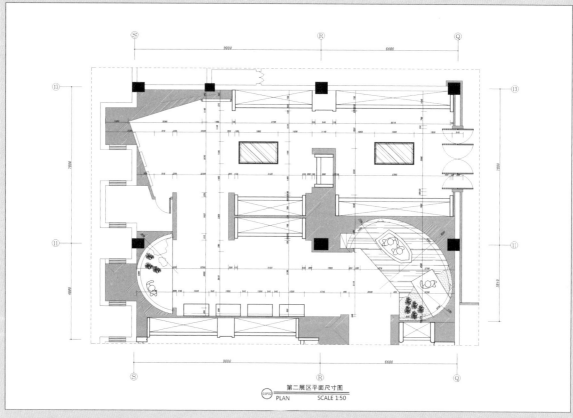

图4-46　第二展区平面尺寸图

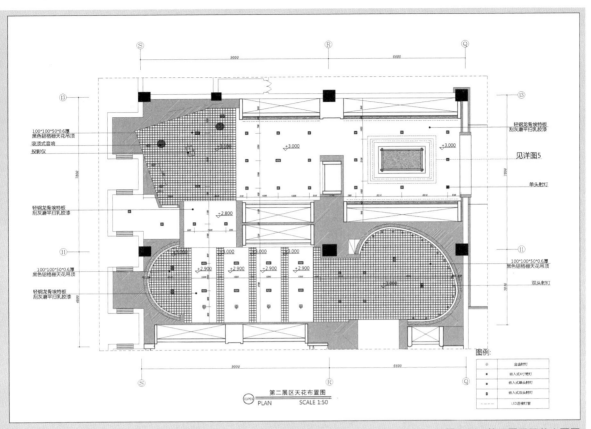

图4-47　第二展区天花布置图

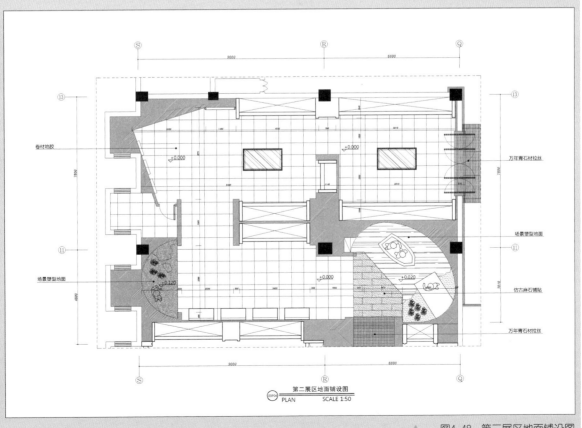

图4-48　第二展区地面铺设图

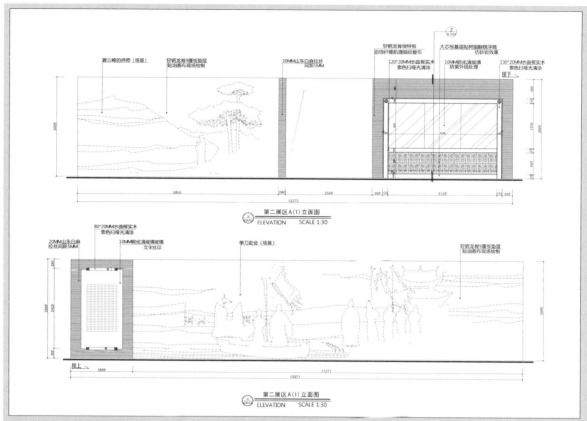

图4-49　第二展区A（1）立面图

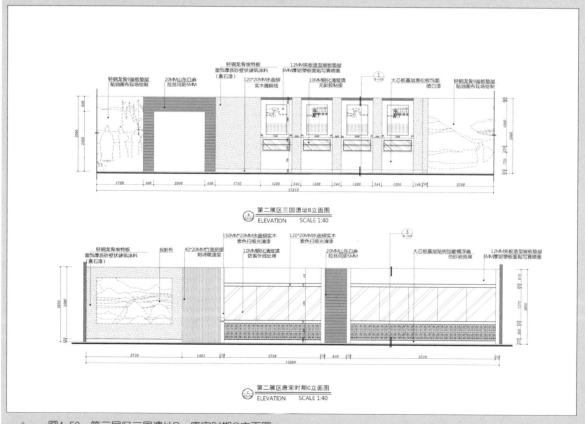

图4-50　第二展区三国遗址B、唐宋时期C立面图

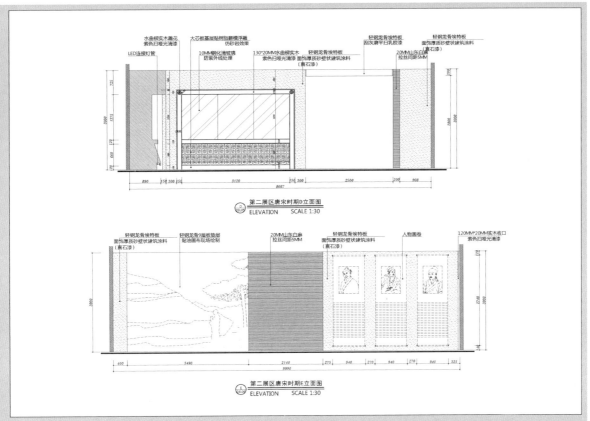

图4-51　第二展区唐宋时期D、E立面图

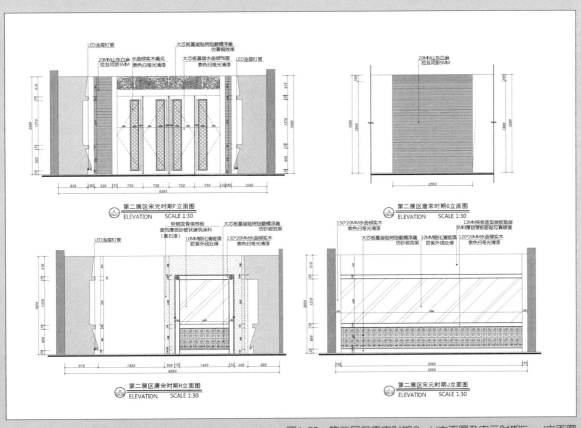

177

图4-52　第二展区唐宋时期G、H立面图及宋元时期F、J立面图

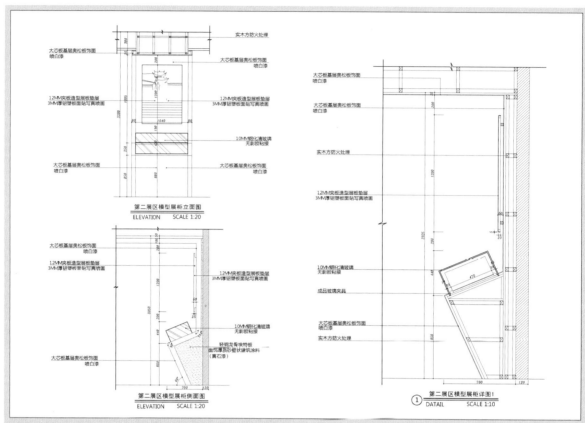

图4-53　第二展区模型展柜立面图、侧面图及详图1

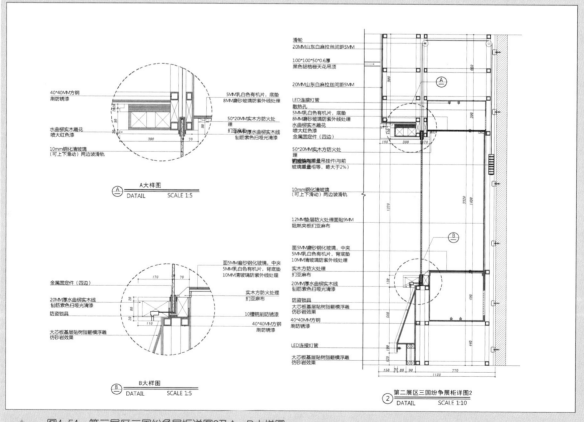

图4-54　第二展区三国纷争展柜详图2及A、B大样图

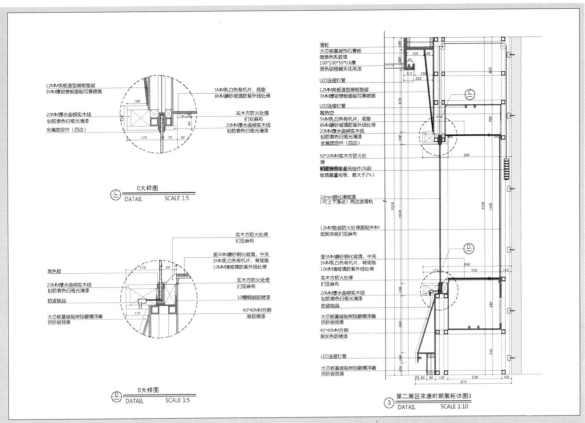

图4-55 第二展区宋唐时期展柜详图3及C、D大样图

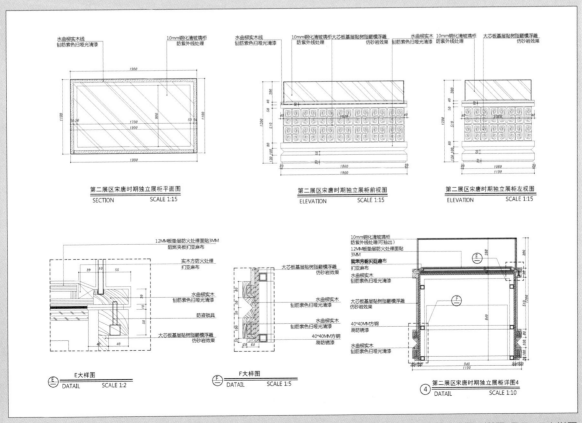

图4-56 第二展区宋唐时期独立展柜三视图、详图4及E、F大样图

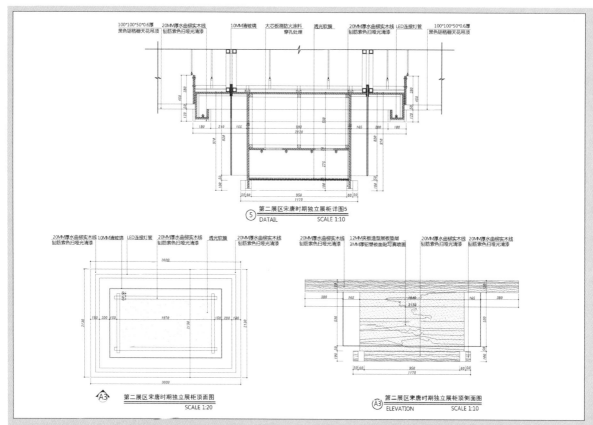

图4-57 第二展区宋唐时期独立展柜顶面图、侧面图及详图5

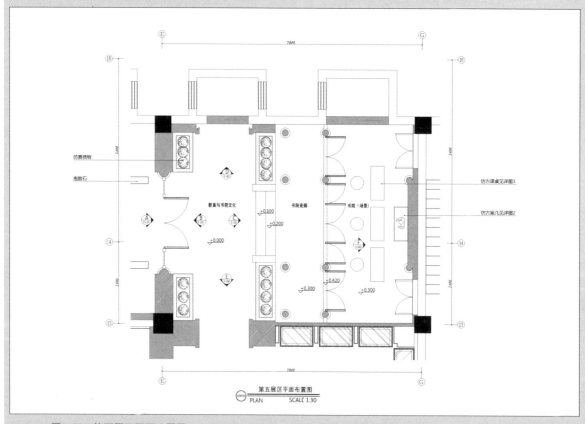

图4-58 第五展区平面布置图

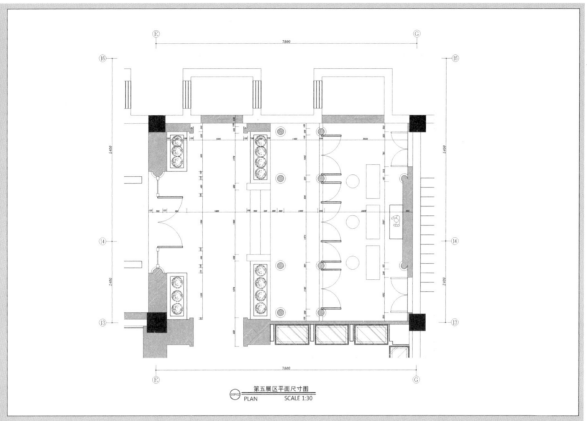

图4-59　第五展区平面尺寸图

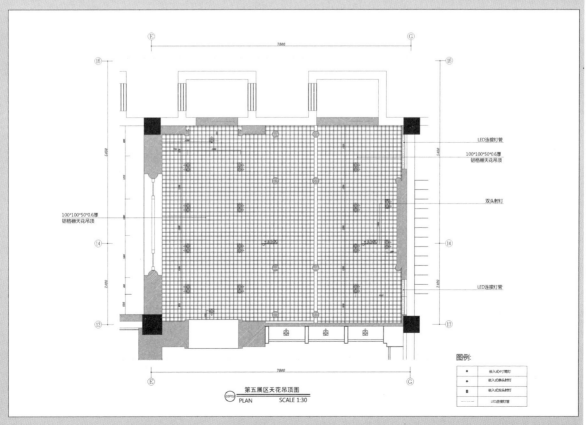

图4-60　第五展区天花吊顶图

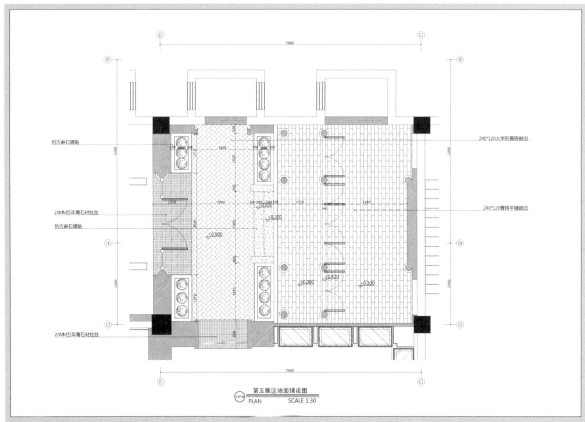

图4-61 第五展区地面铺设图

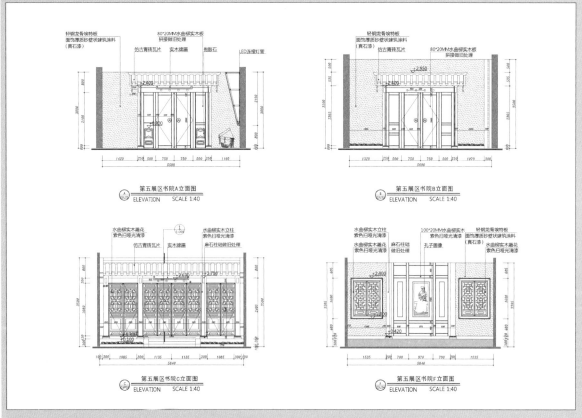

图4-62 第五展区书院A、B、C、F立面图

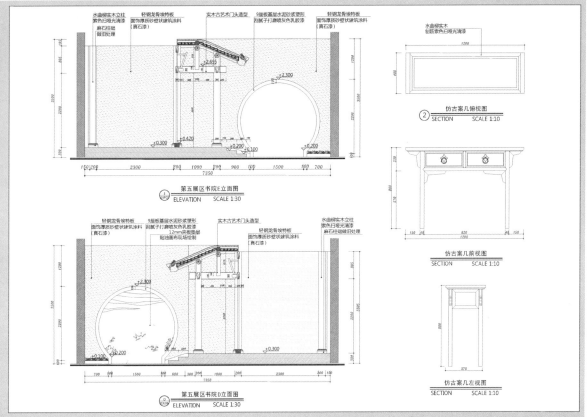

▲ 图4-63　第五展区书院D、E立面图及仿古案几三视图

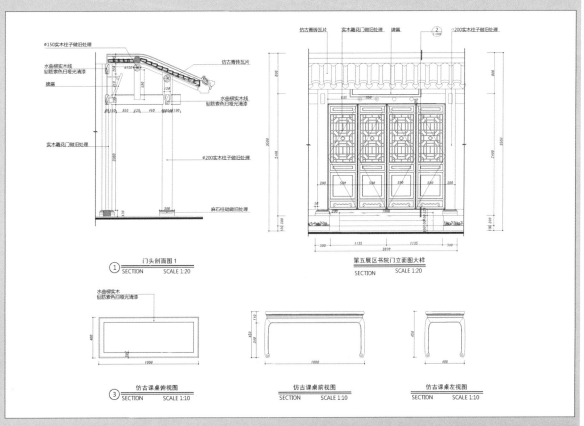

▲ 图4-64　第五展区书院门立面图大样、门头剖面图1及仿古课桌三视图

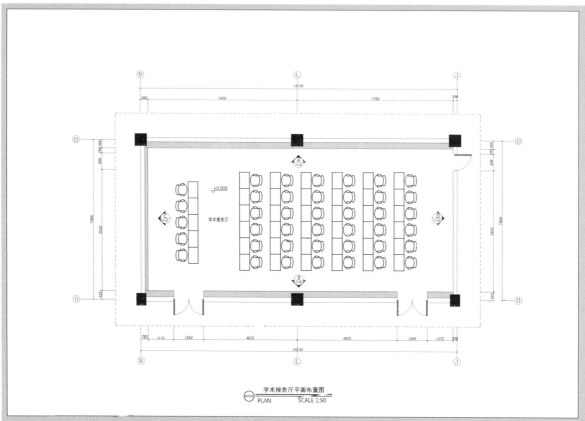

图4-65 学术报告厅平面布置图

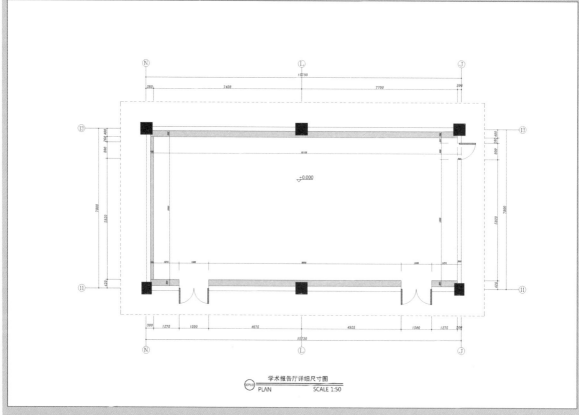

图4-66 学术报告厅详细尺寸图

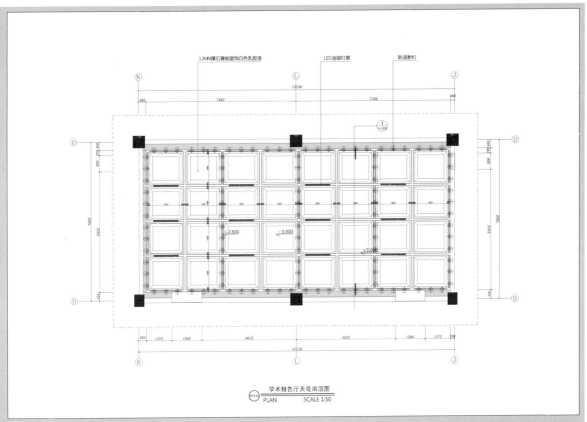

图4-67 学术报告厅天花吊顶图

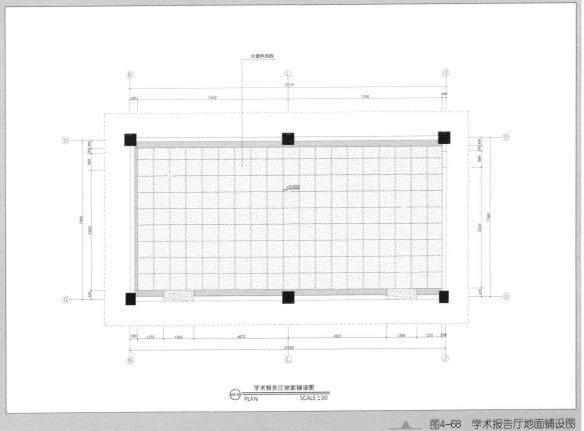

图4-68 学术报告厅地面铺设图

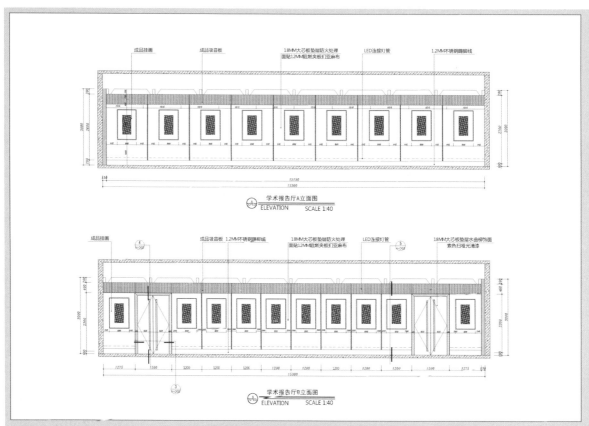

▲___ 图4-69　学术报告厅A、B立面图

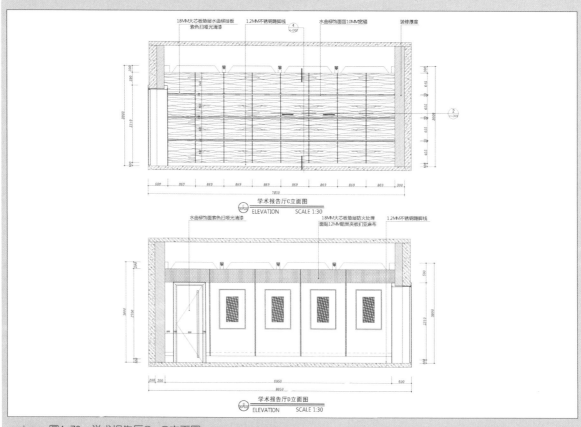

▲___ 图4-70　学术报告厅C、D立面图

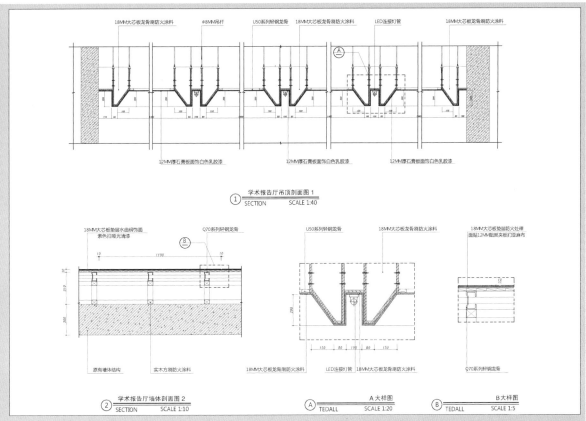

▲ 图4-71　学术报告厅吊顶剖面图1、墙体剖面图2及A、B大样图

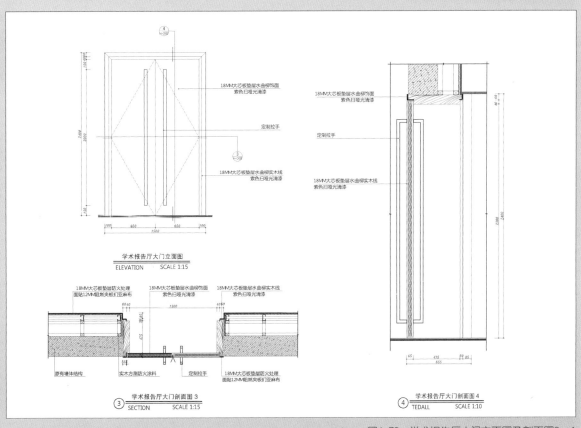

▲ 图4-72　学术报告厅大门立面图及剖面图3、4

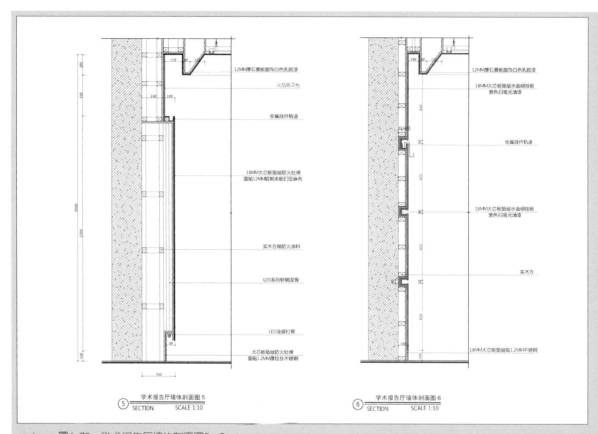

图4-73 学术报告厅墙体剖面图5、6

实例二　中国银行股份有限公司湖南省分行办公楼空间设计

一、实例赏析要点

（1）空间安排合理，功能分区科学。

（2）整体设计方案突出银行行业的企业文化。

（3）注重银行自身的企业特征和经营特点。

（4）设计方案具有标准化、系列化、智能化的特征，空间明快、雅致、舒适、简约，使用功能齐全、方便，着重突出公共形象。

（5）方案设计符合安全性能。

二、设计项目所在地概述

设计项目所在地为湖南省长沙市。长沙市古称潭州，别称"星城""楚汉名城"，国家历史文化名城、全国文明城市、国家综合配套改革试验区之一（两型社会试验区）、国家级两化融合试验区之一，国家"十二五"规划确定的重点开发区域，南部综合性交通枢纽。长沙市现为湖南省的省会，是湖南省政治、经济、文化、交通、科技、金融、信息中心，是中国中西部地区最具竞争力城市之一，娱乐行业十分发达，被称为中国内地的娱乐之都。

长沙是楚文明和湘楚文化的发源地，是经历3000年历史城址不变的城市，有文字可考的历史三千多年，因屈原和贾谊的影响而被称为"屈贾之乡"。走马楼简牍等重要文物的出土反映了其深厚的楚文化及湖湘文化底蕴，位于岳麓山下的千年学府岳麓书院为湖南文化教育的象征。历史上涌现众多名人和留下众多的历史文化遗迹，使其成为国家历史文化名城。

三、方案设计概述

1. 空间规划

整个空间面积约3万平方米。一层的空间布置呈"U"形；二层以空间功能划分为主要空间布置依据；三层采用竖直线式的空间布置方法；四层则采用水平直线式的空间布置方式；第九、十、十一、十二、十三、十四、十五、十六层的平面布置运用了汉字"回"字形设计。空间划分以使用功能作为主线，空间分布及利用科学合理，总体布局既符合企业性质，又满足企业办公的整体需要。

2. 风格确立

作为经营金融产品的营业性银行，怎样体现企业发展方向和企业文化底蕴是设计师在确定设计主体元素时主要的思考方向。在该方案的设计中，设计师大胆地使用高科技新型材料作为设计的切入点，利用新材料造型组合便利、施工方法简易的特点，使空间氛围简洁、现代而不失亲和。

3. 材料运用

空间设计的地面铺设以意大利木纹石、地毯为主，顶面以张拉膜、钢板为主，立面以意大利木纹石、米黄石为主。

其效果图表现如图4-74至图4-100所示。

图4-74 一层营业大厅（1）地面铺设意大利木纹石，顶面用张拉膜和钢板吊顶，立面用意大利木纹石和米黄石材。顶面通过体块式的造型方式，使其在整体中具有些微的层次变化；立面通过石材倒角工艺形成线与面的结合。整个空间展示出轻盈与素远的特征，企业文化与科技感并存

中国银行股份有限公司湖南省分行办公大楼空间设计方案 一层营业大厅（1）

中国银行股份有限公司湖南省分行办公大楼空间设计方案 一层营业大厅（2）

▲ 图4-75 一层营业大厅（2） 地面铺设意大利木纹石，顶面用张拉膜和钢板
吊顶，立面用意大利木纹石和米黄石材。顶面通过体块式的造型方式，使其
在整体中具有些微的层次变化，立面通过石材倒角工艺形成线与面的结合

中国银行股份有限公司湖南省分行办公大楼空间设计方案 二层营业大厅

▲ 图4-76 二层营业大厅 地面呈45°铺设意大利木纹石，顶面用钢板吊顶，
立面用意大利木纹石、磨砂玻璃和成品木挂板进行色彩对比。顶面以线面结
合造型，立面通过石材倒角工艺形成线与面的结合

中国银行股份有限公司湖南省分行办公大楼空间设计方案　　二层理财中心

图4-77　二层理财中心　地面铺设灰色地毯，顶面用石膏板吊顶刷白，立面用
米黄石材、米黄色漆和成品木挂板。整个空间色彩淡雅、造型简洁而不失品位

中国银行股份有限公司湖南省分行办公大楼空间设计方案　　二层理财室

图4-78　二层理财室　地面铺设灰色地毯，顶面用石膏板吊顶刷白，立面用米黄色漆和双层百叶玻璃隔断

中国银行股份有限公司湖南省分行办公大楼空间设计方案　　三层国际结算营业大厅

钢板饰面（氟碳喷涂）

意大利木纹石

成品木挂板

玻璃扶手

意大利木纹石

　　　　　图4-79　三层国际结算营业大厅　地面呈45°铺设意大利木纹石，顶面用钢板吊顶，立面用意大利木纹石、磨砂玻璃和成品木挂板。空间造型韵律感强，端庄中蕴含活泼，规整中具有变化

中国银行股份有限公司湖南省分行办公大楼空间设计方案　　四层前厅休息区

钢板饰面（氟碳喷涂）

透光灯片

意大利木纹石

乳胶漆

防火玻璃

复合木纹钢板饰面

意大利木纹石

　　　　　图4-80　四层前厅休息区　地面铺设拼花意大利木纹石，顶面用钢板吊顶，立面用意大利木纹石和复合木纹钢板饰面。空间界面造型线面组合相互呼应，形成律动。空间色彩素雅而有变化，空间氛围宁静中略带节奏

中国银行股份有限公司湖南省分行办公大楼空间设计方案　　四层开敞式办公区

格栅灯
乳胶漆
钢板饰面（氟碳喷涂）
乳胶漆
块毯

▲　图4-81　四层开敞式办公区　地面铺设灰色地毯，顶面用钢板饰面，立面刷
白。整个空间色彩素雅、造型简洁，符合空间使用功能性质

中国银行股份有限公司湖南省分行办公大楼空间设计方案　　四层休息区

钢板饰面（氟碳喷涂）
格栅灯
米黄石材
乳胶漆
复合木纹钢板饰面
米黄石材
白色青漆玻璃
米黄石材

▲　图4-82　四层休息区　地面铺设灰色地毯，顶面用钢板吊顶，立面用米黄石
材、白色墙漆和复合木纹钢板饰面。开放式的空间构成形式使空间形成张
力，点缀式的色彩组合可以缓解视觉疲劳

中国银行股份有限公司湖南省分行办公大楼空间设计方案　　标准层办公区

▲ 图4-83　标准层办公区　地面铺设灰色地毯，顶面用钢板吊顶，立面用意大利木纹石和复合木纹钢板饰面。分割式标准办公设计是现代企业办公所常采用的，空间构造力求简洁明了，尽可能使用自然光源进行采光设计

中国银行股份有限公司湖南省分行办公大楼空间设计方案　　标准层总经理室

▲ 图4-84　标准层总经理室　地面铺设灰色地毯，顶面用钢板吊顶，立面刷白。空间布局包含了办公、接待、休息三大功能区。深色家具与灰色地毯、白色立面和顶面形成空间色彩的层次变化，空间氛围在素雅中展示沉稳、大方

195

中国银行股份有限公司湖南省分行办公大楼空间设计方案　标准层副总经理室

钢板饰面（氟碳喷涂）

乳胶漆

成品家具

地毯

▲　图4-85　标准层副总经理室　地面铺设灰色地毯，顶面用钢板吊顶，立面刷
白。空间布局包含了办公、休息、接待等三大功能区。深色家具与灰色地毯、
白色立面和顶面形成空间色彩的层次变化，空间氛围在素雅中展示沉稳、大方

中国银行股份有限公司湖南省分行办公大楼空间设计方案　标准层休息区

钢板饰面（氟碳喷涂）

彩色铝垂片

复合木纹钢板饰面

成品百叶隔断

意大利木纹石

800×800仿木纹石地砖

▲　图4-86　标准层休息区　地面铺设仿木纹石地砖，顶面用彩色铝垂片吊顶，立面用
钢板、复合木纹钢板、意大利木纹石饰面。空间以浅灰色系与白色为主导，配置深灰
色，下垂的铝片成为视觉中心。空间造型简洁而富有节奏变化，静中有动

中国银行股份有限公司湖南省分行办公大楼空间设计方案

标准层洽谈室（1）

钢板饰面（氟碳喷涂）

透光灯片

象牙白色乳胶漆

复合木纹钢板饰面

块毯

▲　图4-87　标准层洽谈室（1）地面铺设灰色地毯，顶面用钢板吊顶，立面用刷白处理和复合木纹钢板饰面

中国银行股份有限公司湖南省分行办公大楼空间设计方案

标准层洽谈室（2）

钢板饰面（氟碳喷涂）

透光灯片

象牙白色乳胶漆

复合木纹钢板饰面

块毯

▲　图4-88　标准层洽谈室（2）地面铺设灰色地毯，顶面用钢板吊顶，立面用刷白处理和复合木纹钢板饰面

中国银行股份有限公司湖南省分行办公大楼空间设计方案

透光灯片
钢板饰面（氟碳喷涂）
成品木挂板
磨砂玻璃
乳胶漆
块毯

▲ 图4-89 标准层洽谈室（3） 地面铺设
灰色地毯，顶面用钢板饰面吊顶，立面
用刷白处理和复合木纹钢板饰面

中国银行股份有限公司湖南省分行办公大楼空间设计方案

钢板饰面（氟碳喷涂）
透光灯片
复合木纹钢板饰面
米黄石材
地毯

▲ 图4-90 标准层视频会议室 地面铺设
灰色地毯，顶面用钢板饰面吊顶，立面
用米黄石材和复合木纹钢板饰面

中国银行股份有限公司湖南省分行办公大楼空间设计方案　　十四层会议室前厅

钢板饰面（氟碳喷涂）

透光灯片

米黄石材

透明有机玻璃板

拉丝钢框

LED屏

米黄石材

有机玻璃透雕

米黄石材

米黄石材

米黄石材

▲　图4-91　十四层会议室前厅　地面铺设米黄石材，顶面用钢板饰面吊顶，立面用米黄石材和透明有机玻璃饰面。整个空间素雅而通透，线与面组织构成的界面使空间环境展示出大度、规整的氛围

中国银行股份有限公司湖南省分行办公大楼空间设计方案　　十四层报告厅

张拉膜

白色乳胶漆

成品隔断板

意大利木纹石

复合木纹钢板饰面

地毯

▲　图4-92　十四层报告厅　地面铺设灰色地毯，顶面用张拉膜和石膏板刷白吊顶，立面用意大利木纹石和复合木纹钢板饰面。空间左立面使用复合木纹钢板饰面，右立面使用意大利木纹石饰面。两种材质的色彩与质感进行对比，增加了空间层次；顶面的白色与地面的灰色形成材质上的软硬对比，同时解决了空间的吸音问题

中国银行股份有限公司湖南省分行办公大楼空间设计方案　　　十四层行务会议室

透光灯片

石膏板白色乳胶漆

条形烤漆封口

百叶窗帘

复合木纹钢板饰面

米黄石材

米色乳胶漆

地毯

图4-93　十四层行务会议室　地面铺设灰色地毯，顶面用石膏板刷白吊顶，立面用米黄石材、米黄乳胶漆和复合木纹钢板饰面。空间布置采用的是对称式，符合使用功能需求。采光方法是间接采光，避免了眩光。顶面造型在保证空间高度的条件下，充分利用了横梁组织空间的功能，空间构成体块感强，现代构成的设计意味展露无遗

中国银行股份有限公司湖南省分行办公大楼空间设计方案　　　十四层培训室

钢板饰面（氟碳喷涂）

透光灯片

白色乳胶漆

复合木纹钢板饰面

地毯

图4-94　十四层培训室　地面铺设灰色地毯，顶面用钢板饰面吊顶，立面用白色乳胶漆和复合木纹钢板饰面

中国银行股份有限公司湖南省分行办公大楼空间设计方案

十四层会议室

张拉膜

白色乳胶漆

不锈钢饰面

象牙白色乳胶漆
复合木纹钢板饰面
白宫米黄石材

地毯

▲　图4-95　十四层会议室　地面铺设灰色地毯，顶面用钢板饰面、张拉膜、石膏板刷白吊顶，立面用白色乳胶漆、米黄石材和复合木纹钢板饰面。顶面造型形成体块，立面造型平缓而宁静，空间色彩调和中带有对比

中国银行股份有限公司湖南省分行办公大楼空间设计方案

十五层外汇交易接待区

钢板饰面（氟碳喷漆）

透光灯片

成品百叶隔断

外汇交易中心

地毯

▲　图4-96　十五层外汇交易接待区　地面铺设灰色地毯，顶面用钢板饰面吊顶，立面用成品玻璃百叶窗隔断和复合木纹钢板饰面。顶面造型平整，使用透光灯片做造型分割线，立面造型通过百叶窗的线形造型与复合木纹钢板饰面造型彼此映衬

中国银行股份有限公司湖南省分行办公大楼空间设计方案

十五层外汇交易室

图4-97　十五层外汇交易室　地面铺设灰色地
毯，顶面用钢板饰面吊顶，立面刷白。顶面造
型同样平整，使用透光灯片做造型分割线

中国银行股份有限公司湖南省分行办公大楼空间设计方案

十五层指挥中心

图4-98　十五层指挥中心　地面铺设灰色地毯，顶面用石膏板刷
白，采光使用面光，立面用复合木纹钢板饰面。整个空间设计主要
体现功能至上的理念，同时穿插了整体设计方案的基本设计元素

中国银行股份有限公司湖南省分行办公大楼空间设计方案　十六层前厅接待区

　图4-99　十六层前厅接待区　地面铺设意大利木纹石，顶面用钢板饰面和张拉膜做吊顶造型，立面用意大利木纹石和复合木纹钢板饰面。造型简洁明了，空间明亮洁净

中国银行股份有限公司湖南省分行办公大楼空间设计方案　十六层贵宾接待室

　图4-100　十六层贵宾接待室　地面铺设地毯，顶面用石膏板刷白做吊顶造型，立面用意大利木纹石、刷白和复合木纹钢板饰面。顶面设计大胆地运用体块造型的优越性展示动感和丰富的层次，立面造型主要根据复合木纹钢板易于拼接组合造型的特点进行面的分割。空间氛围素雅而不失高贵

4. 标准制图

该项目的施工设计图如图4-101至图4-149所示，单位均为mm。

（设计单位：北京市建筑设计研究院深圳院　施工：湖南中诚设计装饰工程有限公司）

设计说明（一）

图4-101　设计说明（一）

设计说明（二）

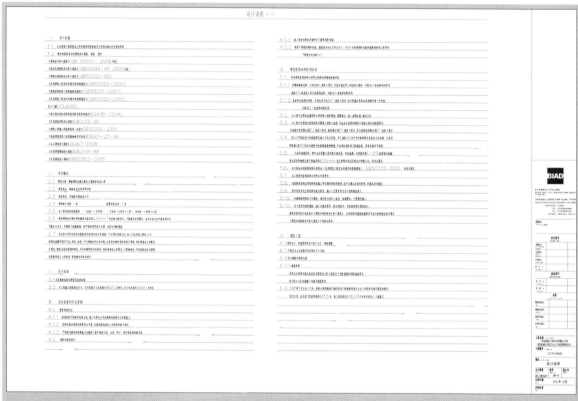

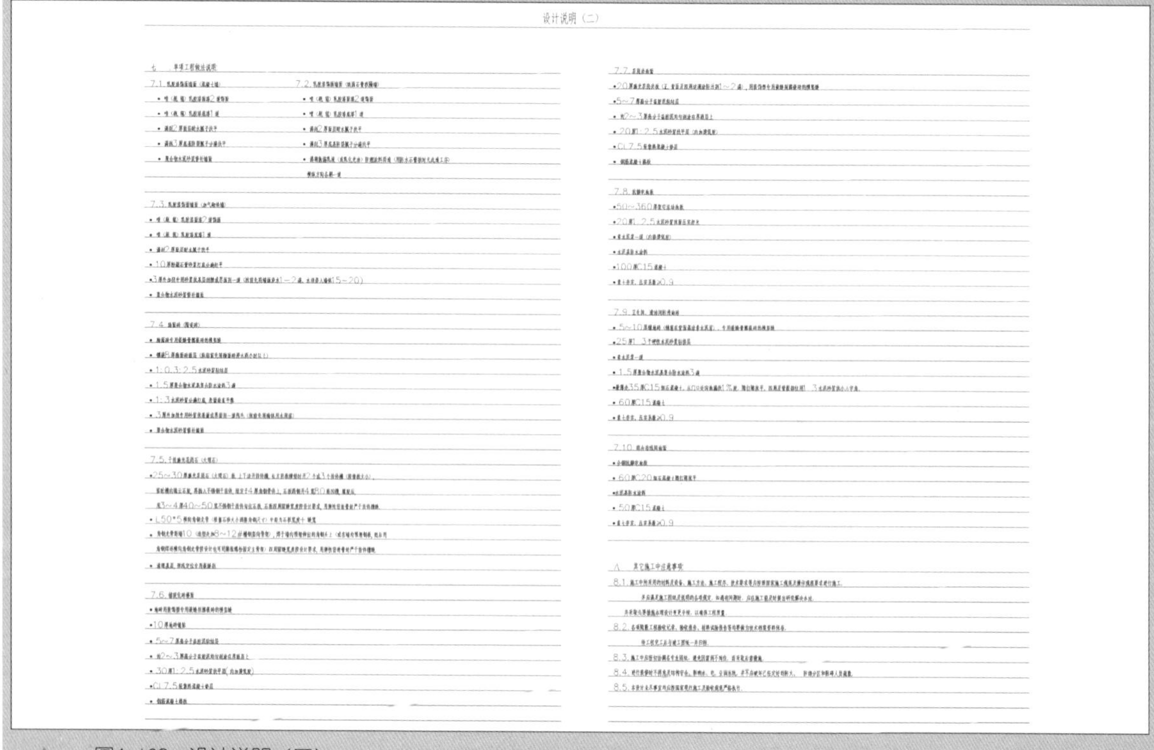

图4-102　设计说明（二）

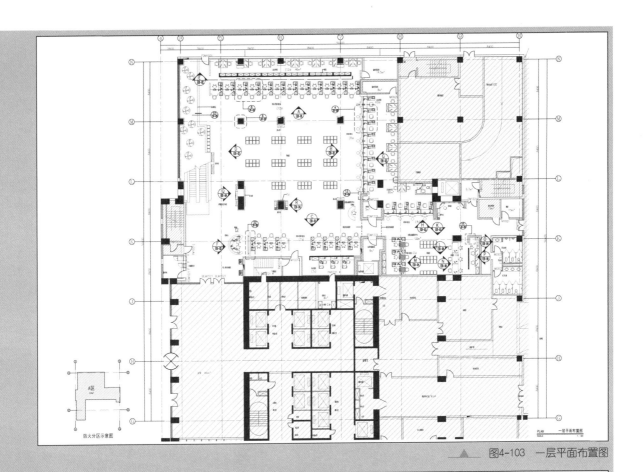

▲ 图4-103　一层平面布置图

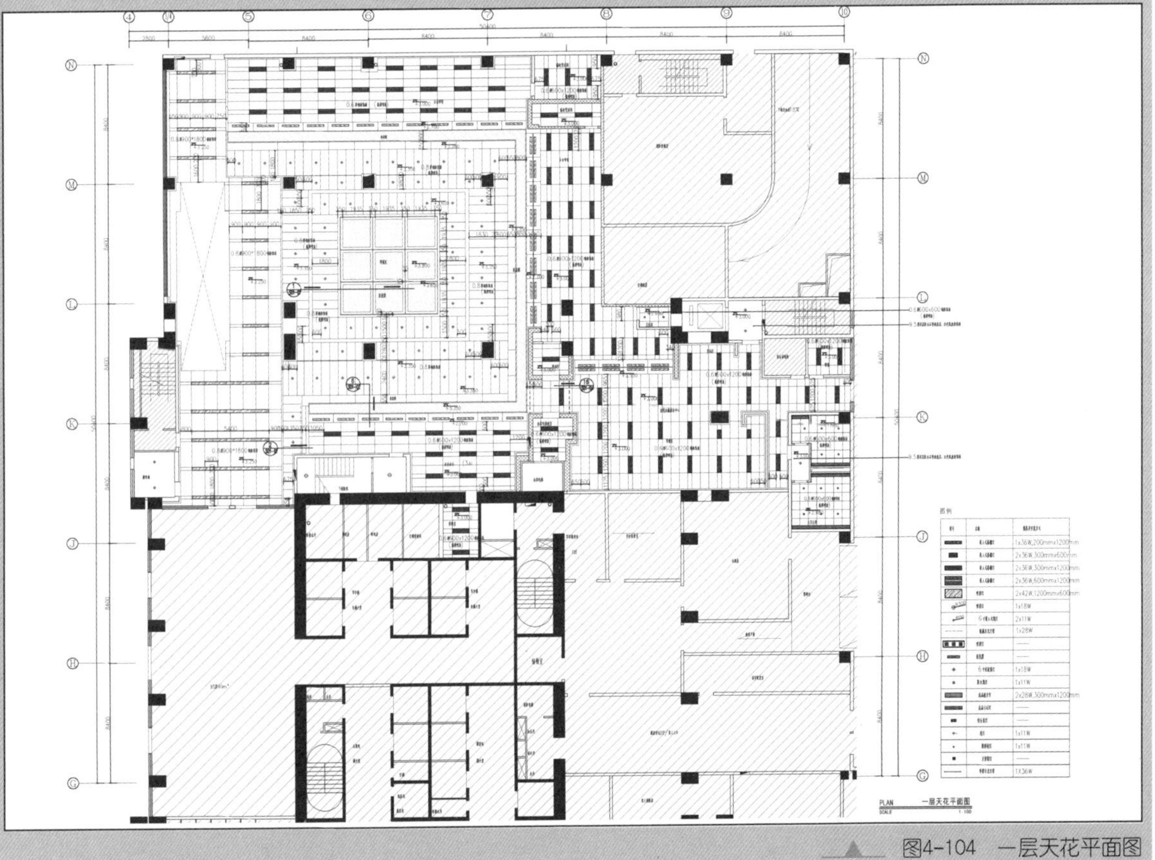

▲ 图4-104　一层天花平面图

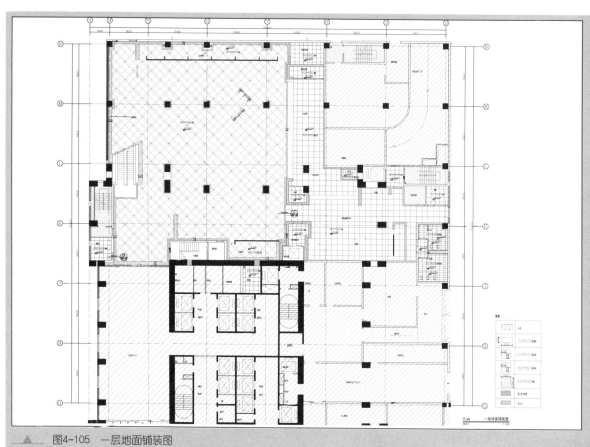

▲ 图4-105 一层地面铺装图

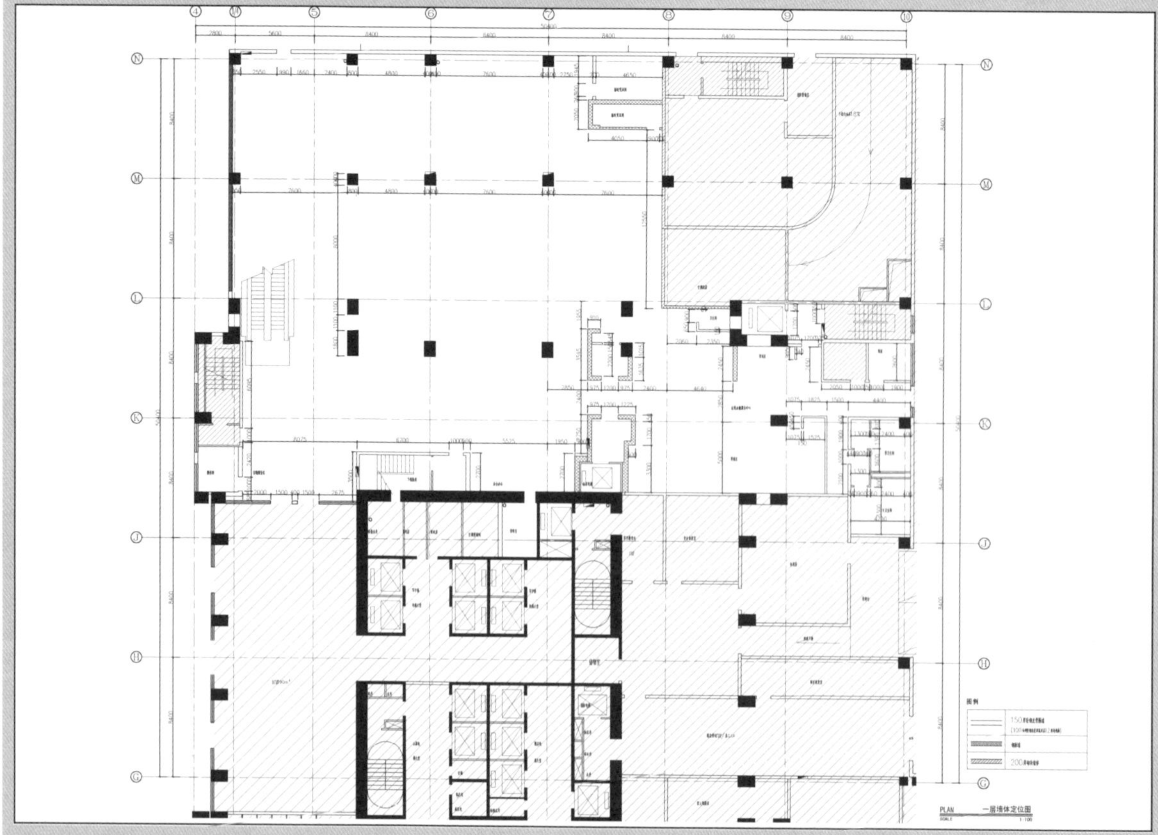

▲ 图4-106 一层墙体定位图

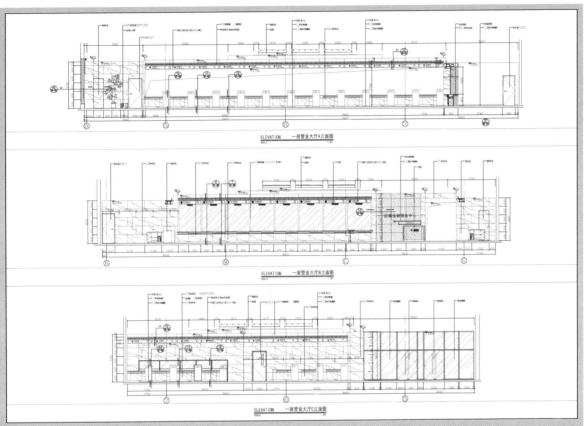

▲ 图4-107 一层营业大厅A、B、C立面图

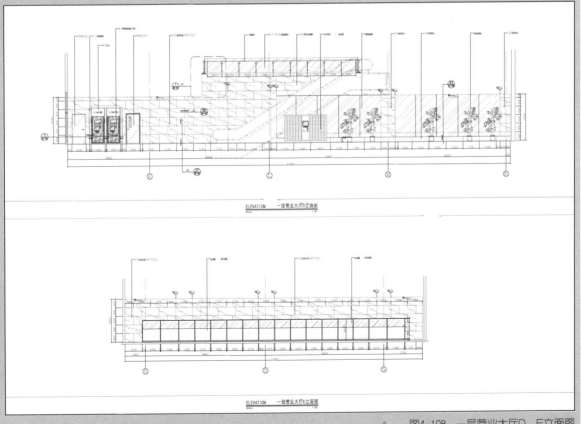

▲ 图4-108 一层营业大厅D、E立面图

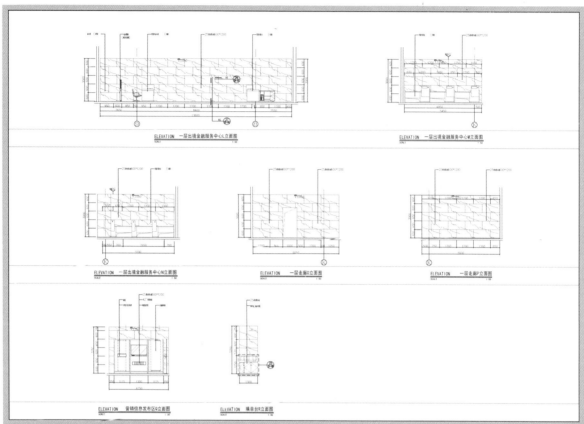

▲ 图4-109　一层出境金融服务中心L、M、N立面图，一层走廊O、P立面图，营销信息发布区Q立面图和填单台R立面图

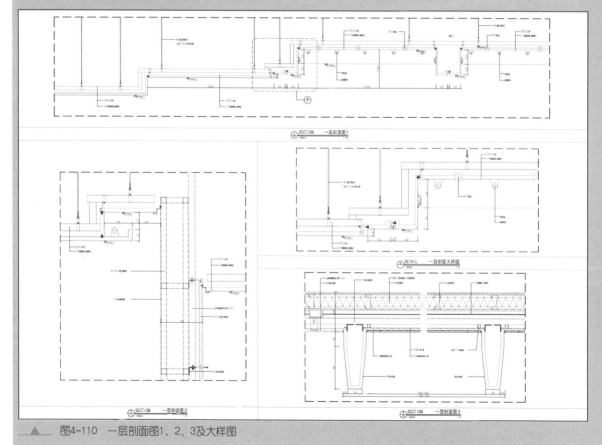

▲ 图4-110　一层剖面图1、2、3及大样图

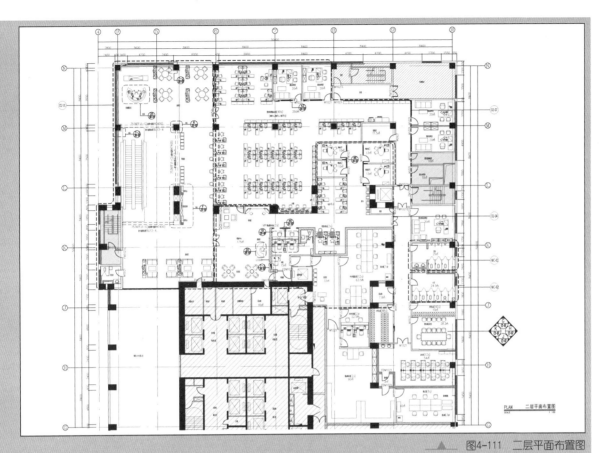

图4-111 二层平面布置图

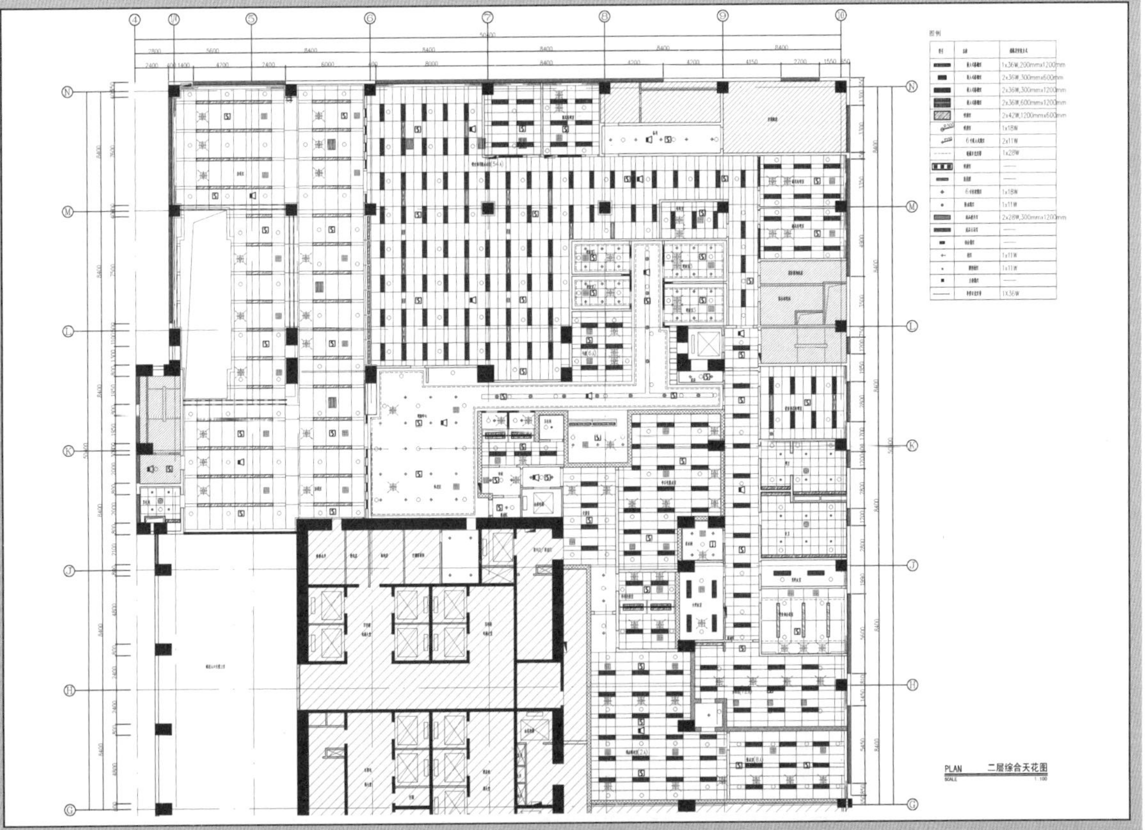

图4-112 二层综合天花图

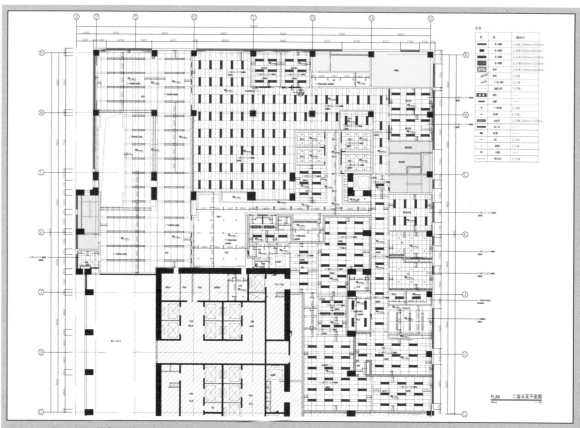

图4-113　二层天花平面图

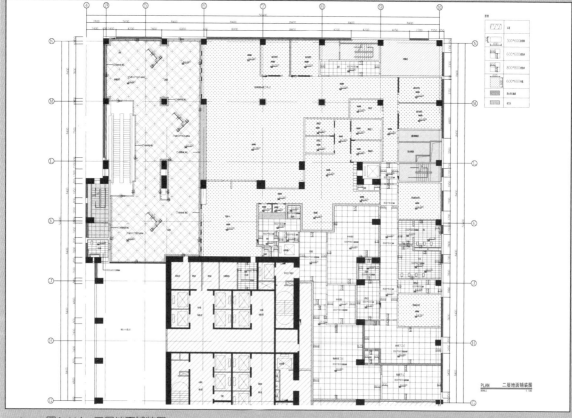

图4-114　二层地面铺装图

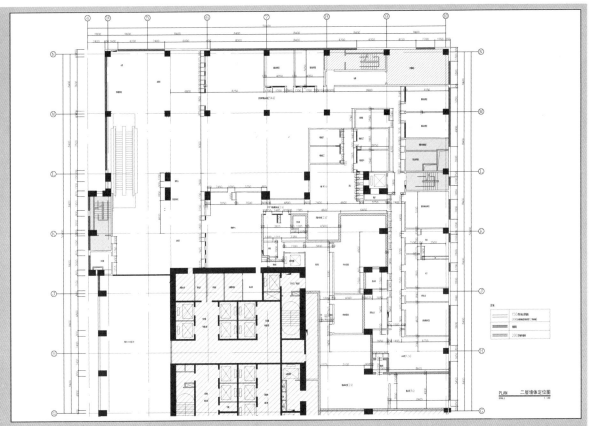

▲ 图4-115 二层墙体定位图

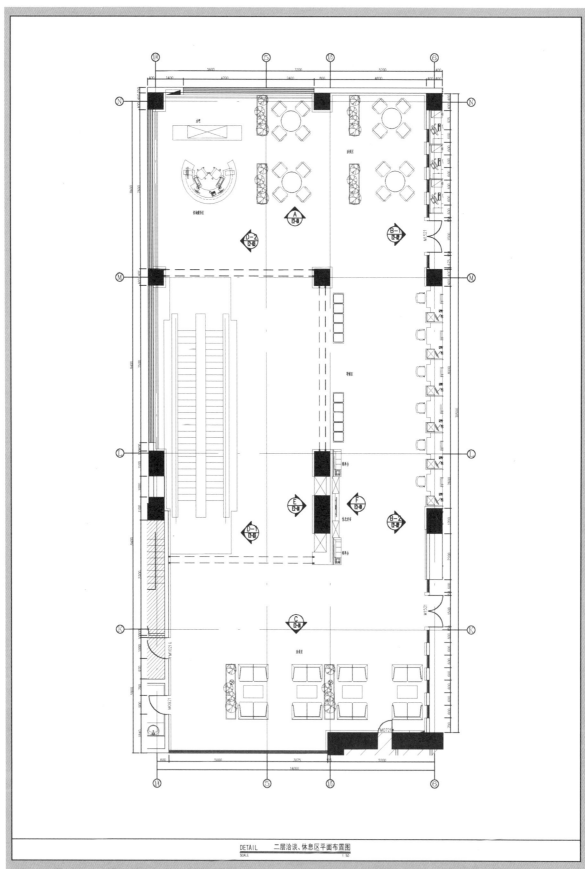

DETAIL　二层洽谈、休息区平面布置图
SCALE　　　　　　　　　　　　　1:50

图4-116　二层洽谈、休息区平面布置图

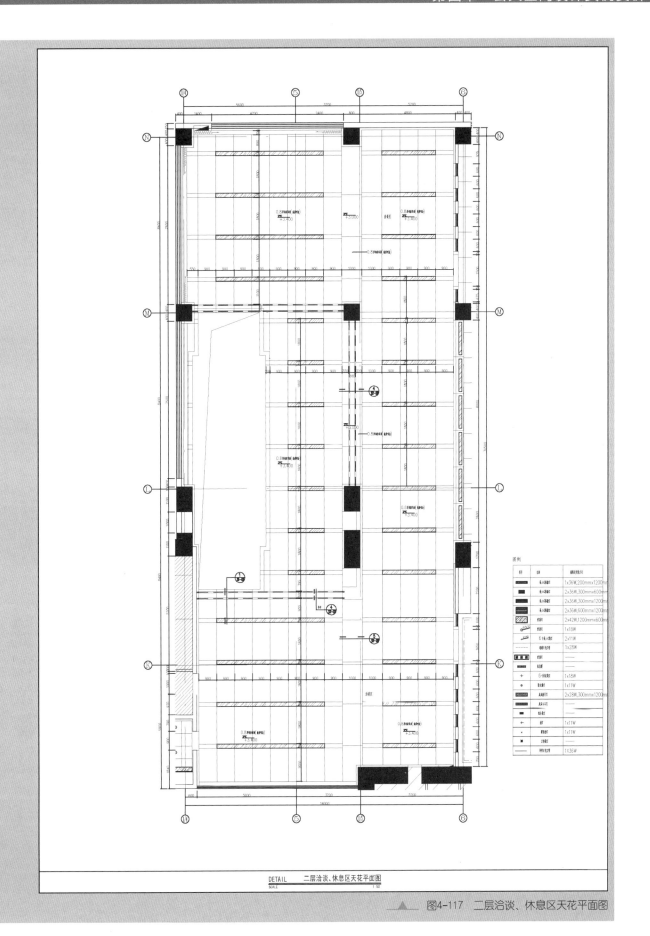

图4-117　二层洽谈、休息区天花平面图

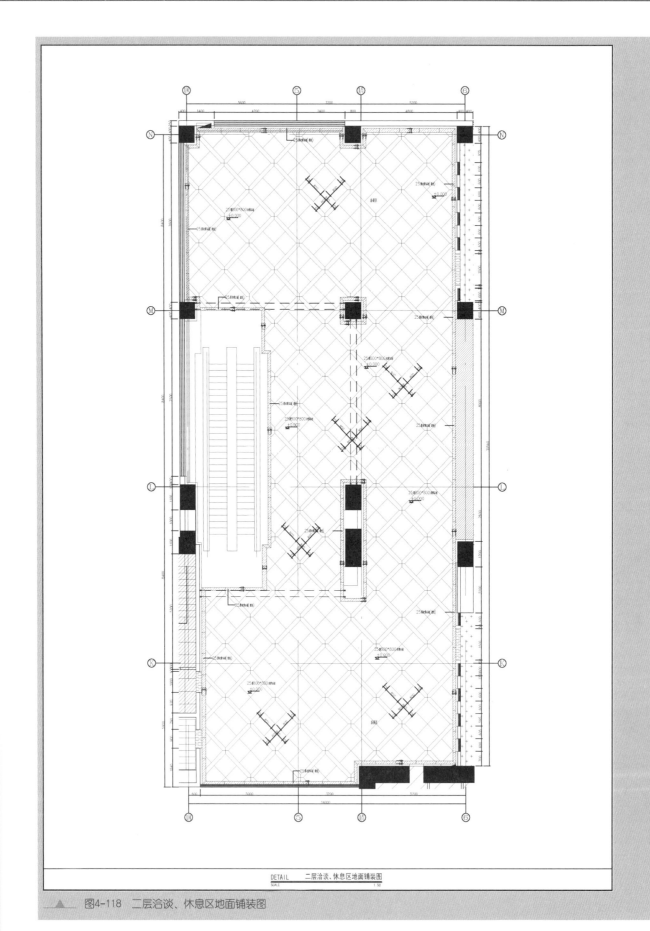

DETAIL 二层洽谈、休息区地面铺装图
SCALE   1:50

▲ 图4-118 二层洽谈、休息区地面铺装图

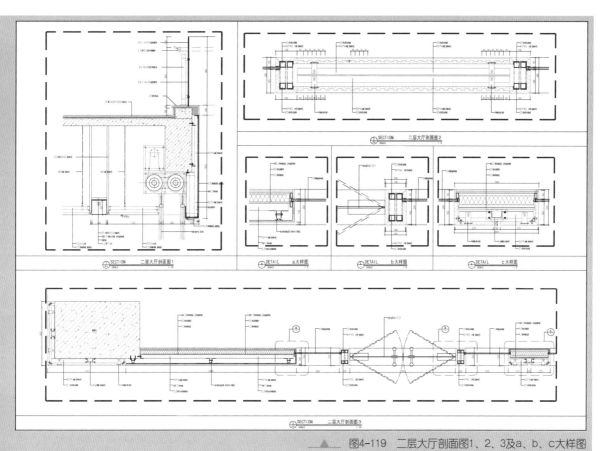

▲ 图4-119　二层大厅剖面图1、2、3及a、b、c大样图

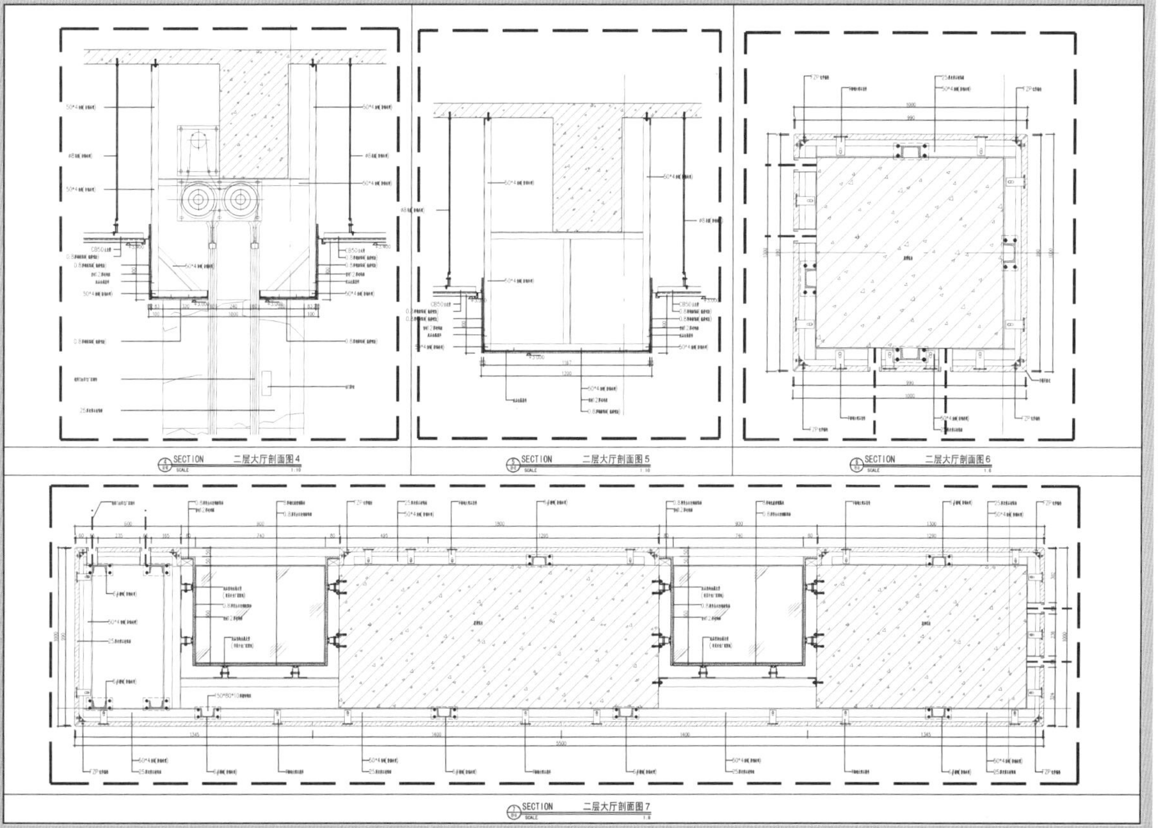

▲ 图4-120　二层大厅剖面图4、5、6、7

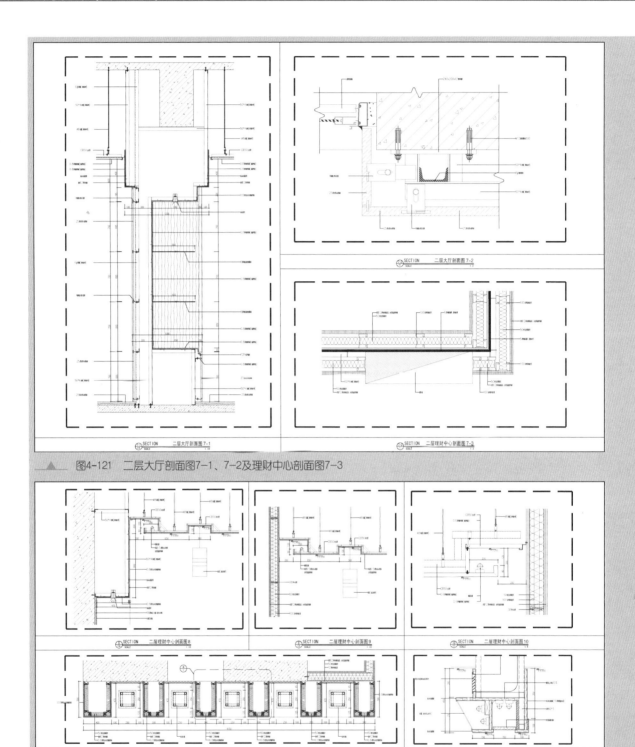

▲ 图4-121　二层大厅剖面图7-1、7-2及理财中心剖面图7-3

▲ 图4-122　二层理财中心剖面图8、9、10、11、12、13及a大样图

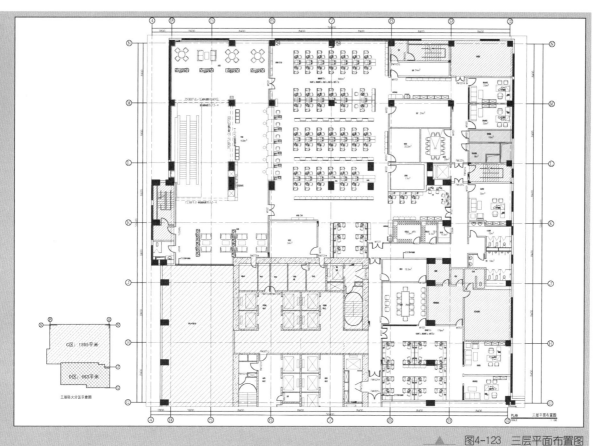

▲ 图4-123　三层平面布置图

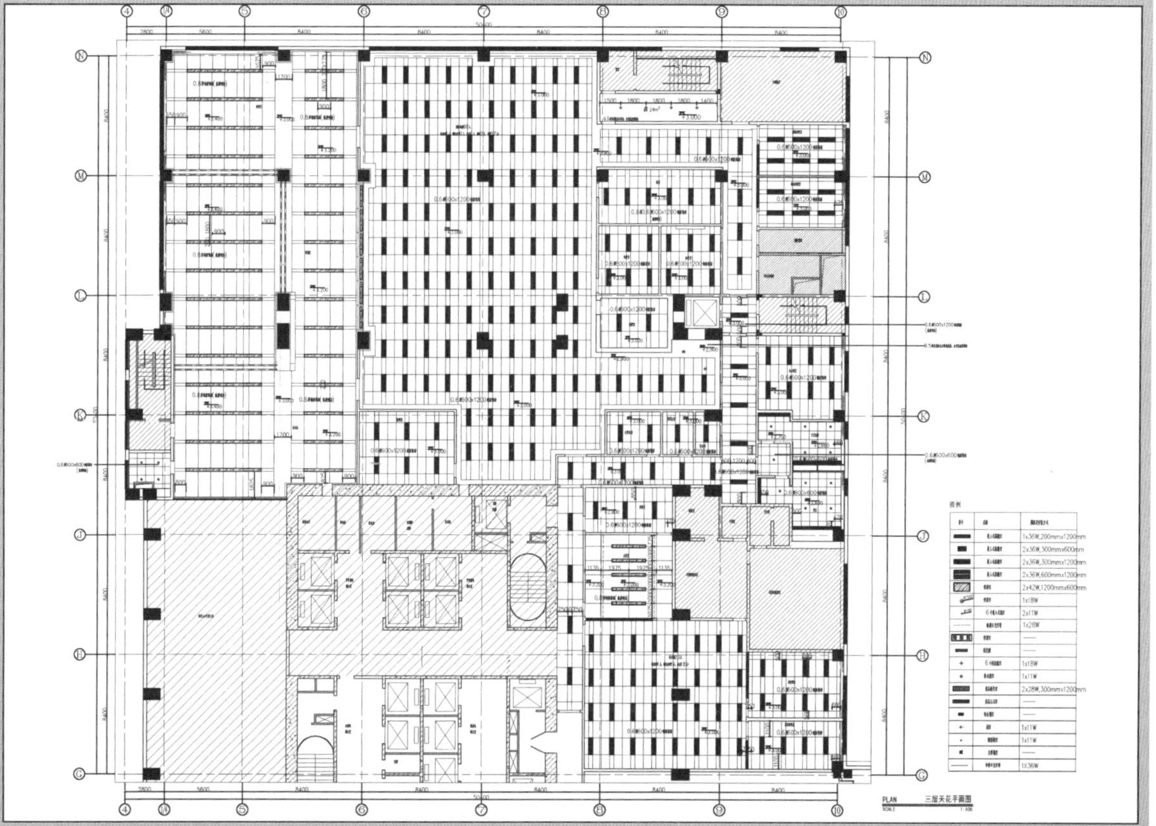

▲ 图4-124　三层天花平面图

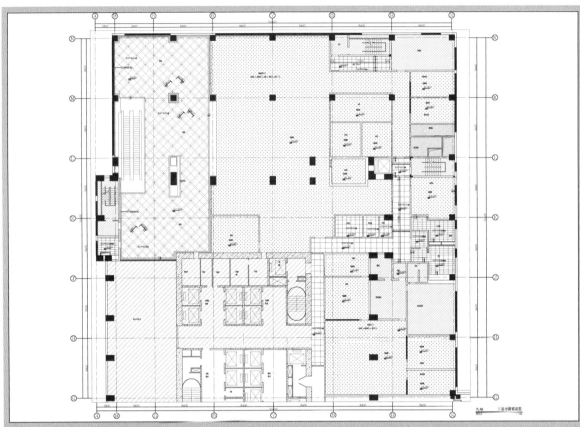

▲ 图4-125 三层地面铺装图

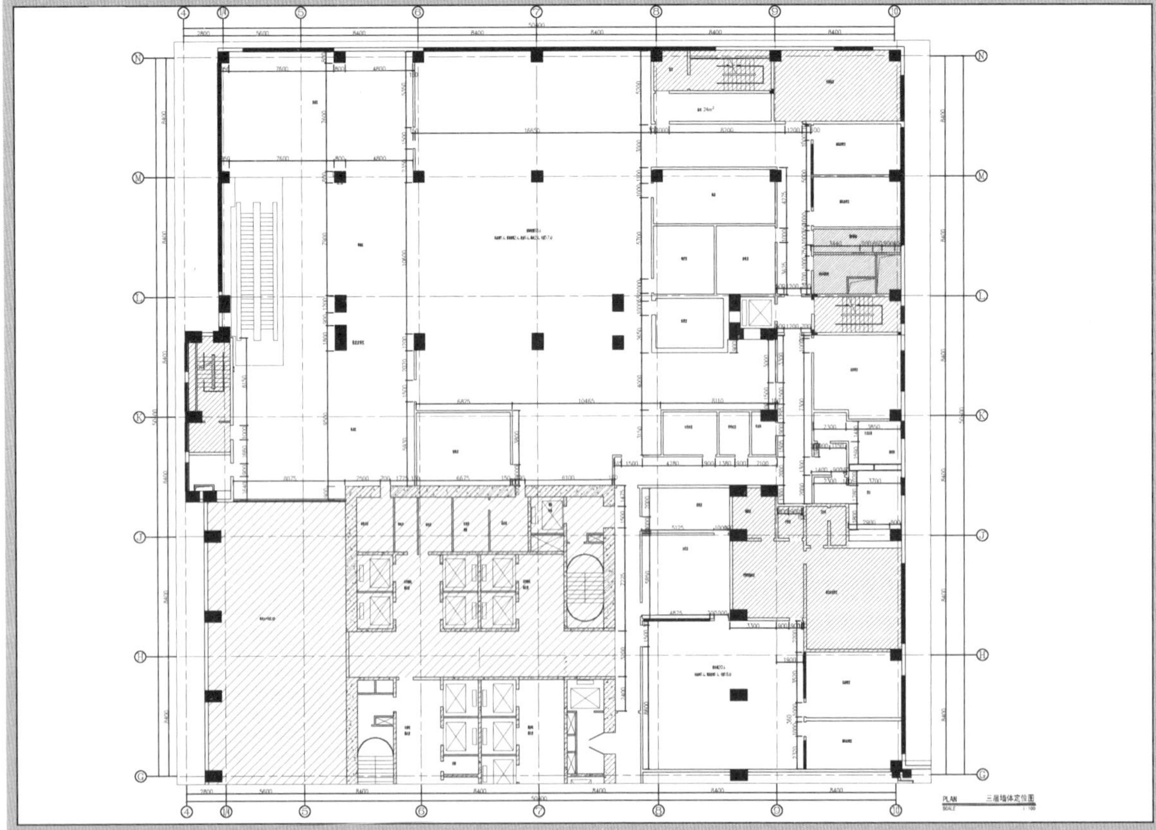

▲ 图4-126 三层墙体定位图

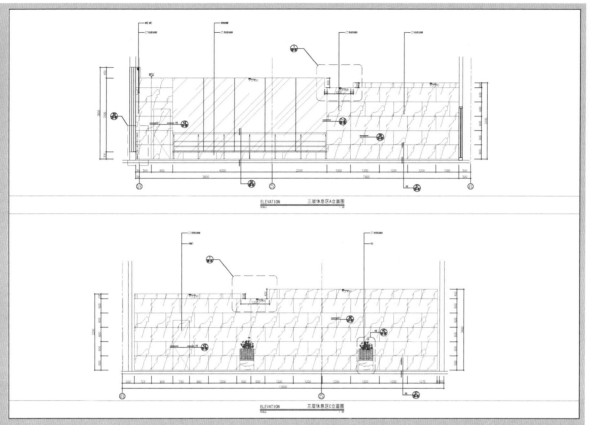

ELEVATION 三层休息区A立面图

ELEVATION 三层休息区C立面图

▲ 图4-127　三层休息区A、C立面图

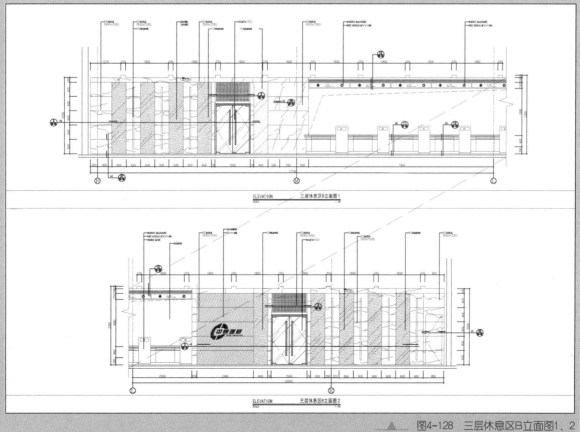

ELEVATION 三层休息区B立面图1

ELEVATION 三层休息区B立面图2

▲ 图4-128　三层休息区B立面图1、2

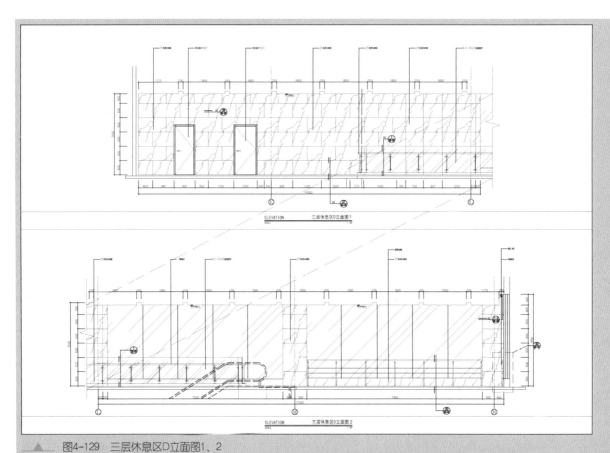

图4-129　三层休息区D立面图1、2

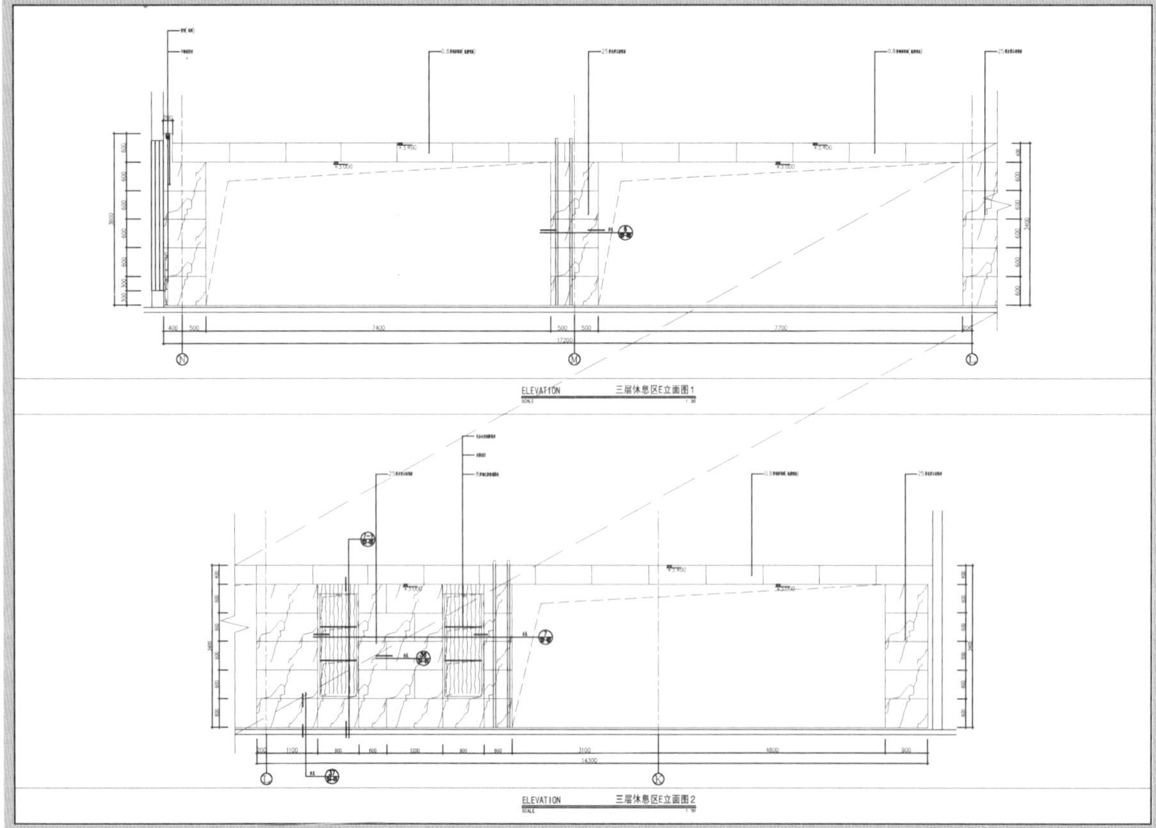

图4-130　三层休息区E立面图1、2

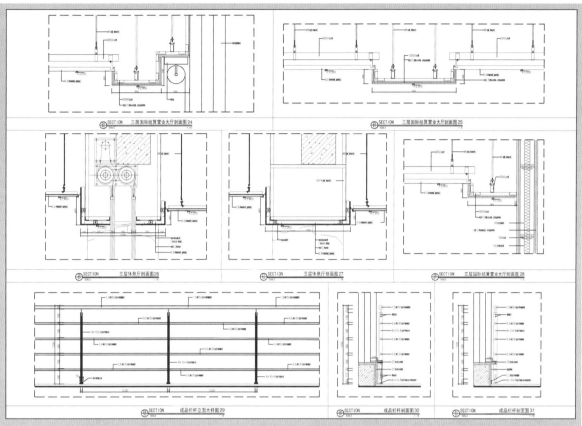

图4-131　三层国际结算营业大厅剖面图24、25、28，休息厅剖面图26、27，成品栏杆立面大样图29及成品栏杆剖面图30、31

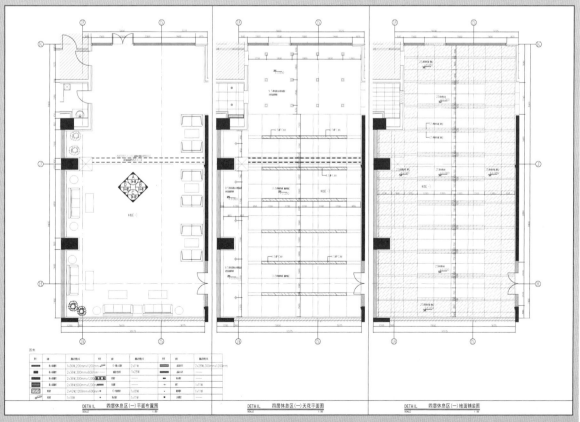

图4-132　四层休息区（一）平面布置图、天花板平面图及地面铺装图

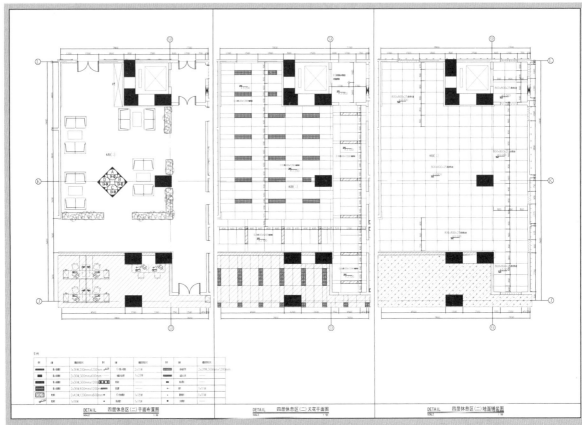

▲ 图4-133 四层休息区（二）平面布置图、天花平面图及地面铺装图

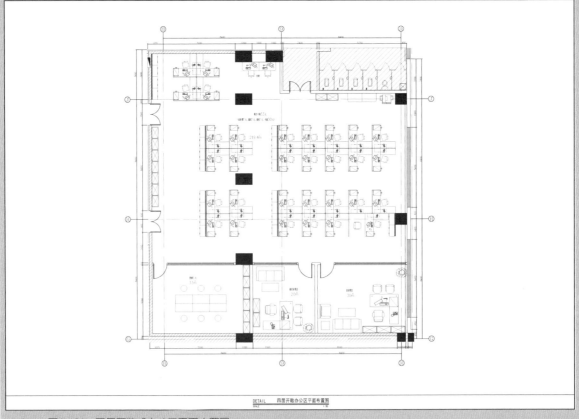

▲ 图4-134 四层开敞式办公区平面布置图

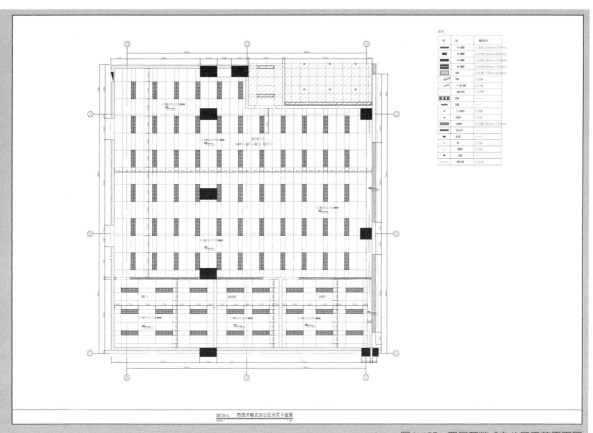

DETAIL 四层开敞式办公区天花平面图
SCALE 1:50

▲ 图4-135 四层开敞式办公区天花平面图

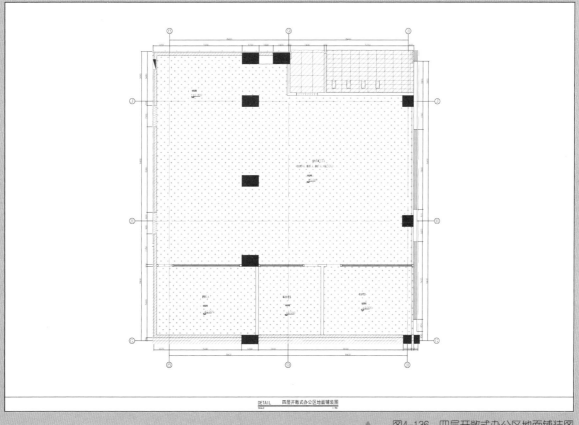

DETAIL 四层开敞式办公区地面铺装图
SCALE 1:50

▲ 图4-136 四层开敞式办公区地面铺装图

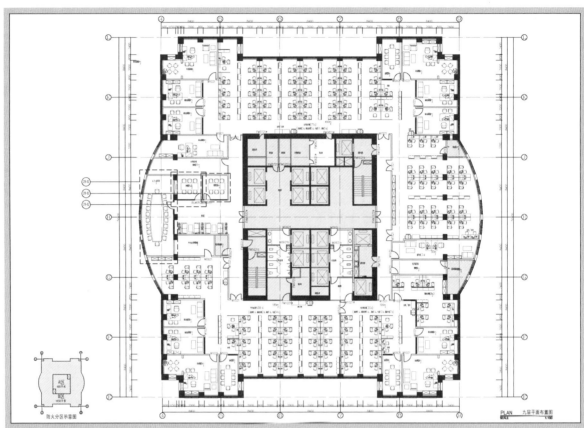

▲ 图4-137 九层平面布置图

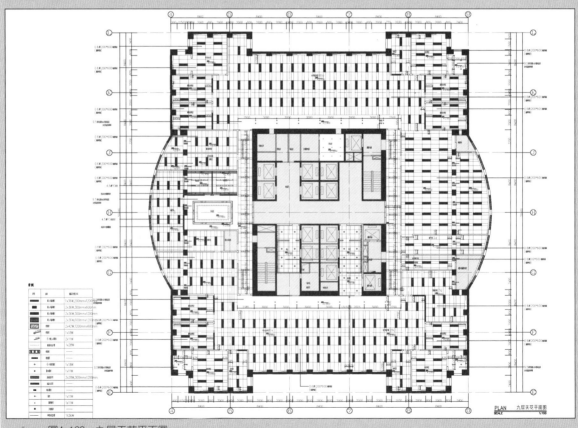

▲ 图4-138 九层天花平面图

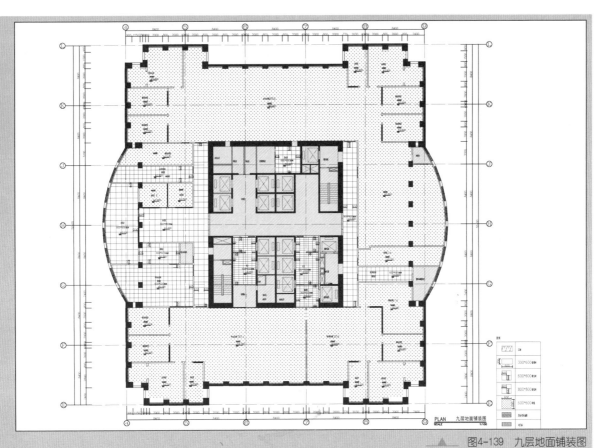

图4-139　九层地面铺装图

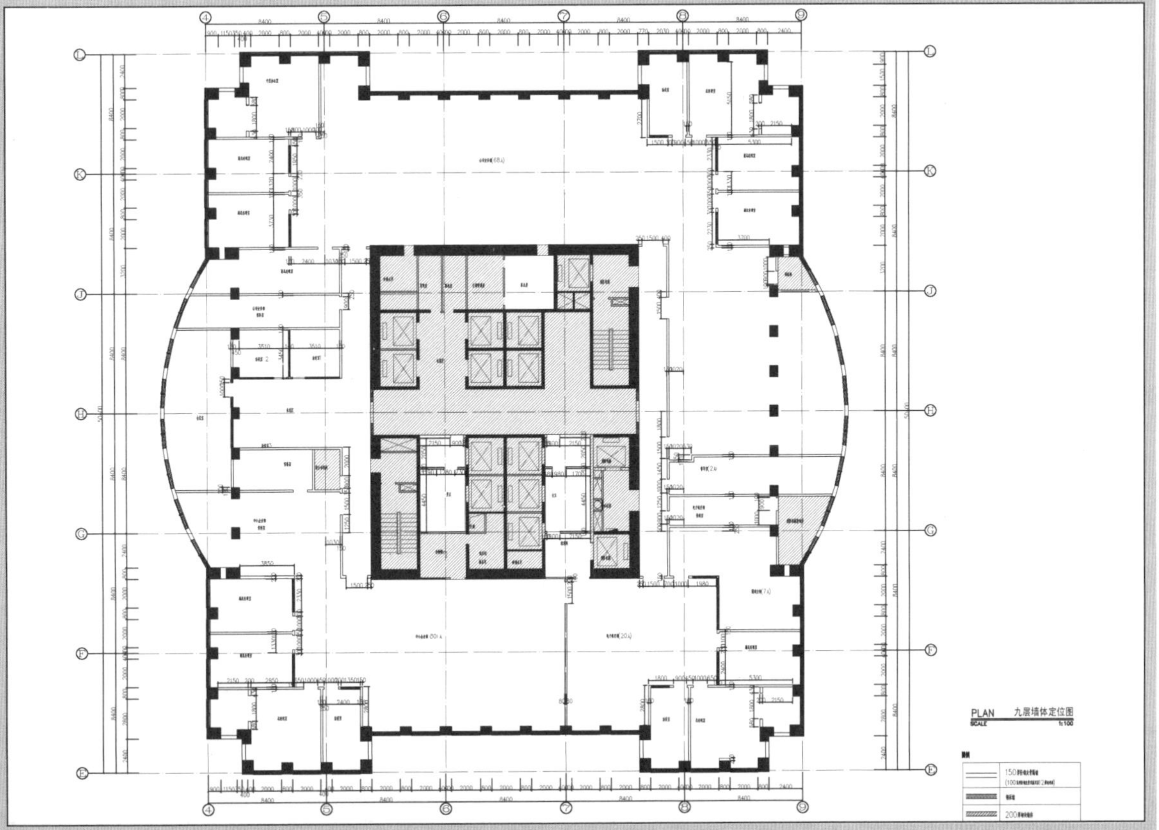

图4-140　九层墙体定位图

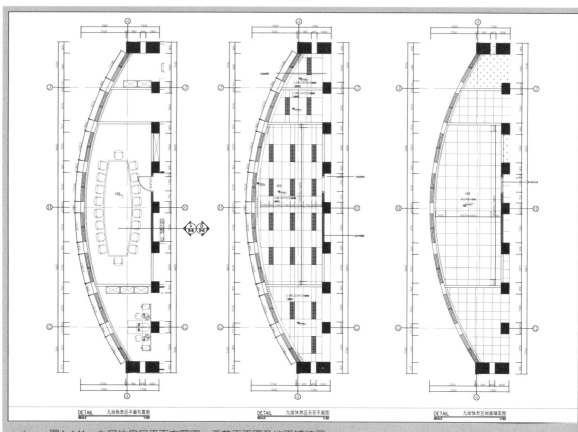

▲ 图4-141 九层休息区平面布置图、天花平面图及地面铺装图

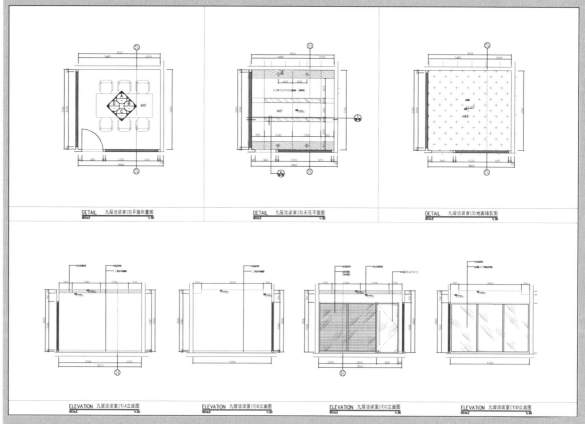

▲ 图4-142 九层洽谈室（3）平面布置图、天花平面图、地面铺装图及九层洽谈室（1）A、B、C、D立面图

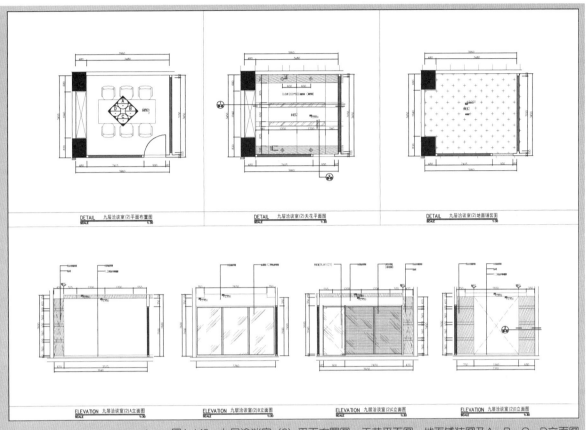

▲ 图4-143　九层洽谈室（2）平面布置图、天花平面图、地面铺装图及A、B、C、D立面图

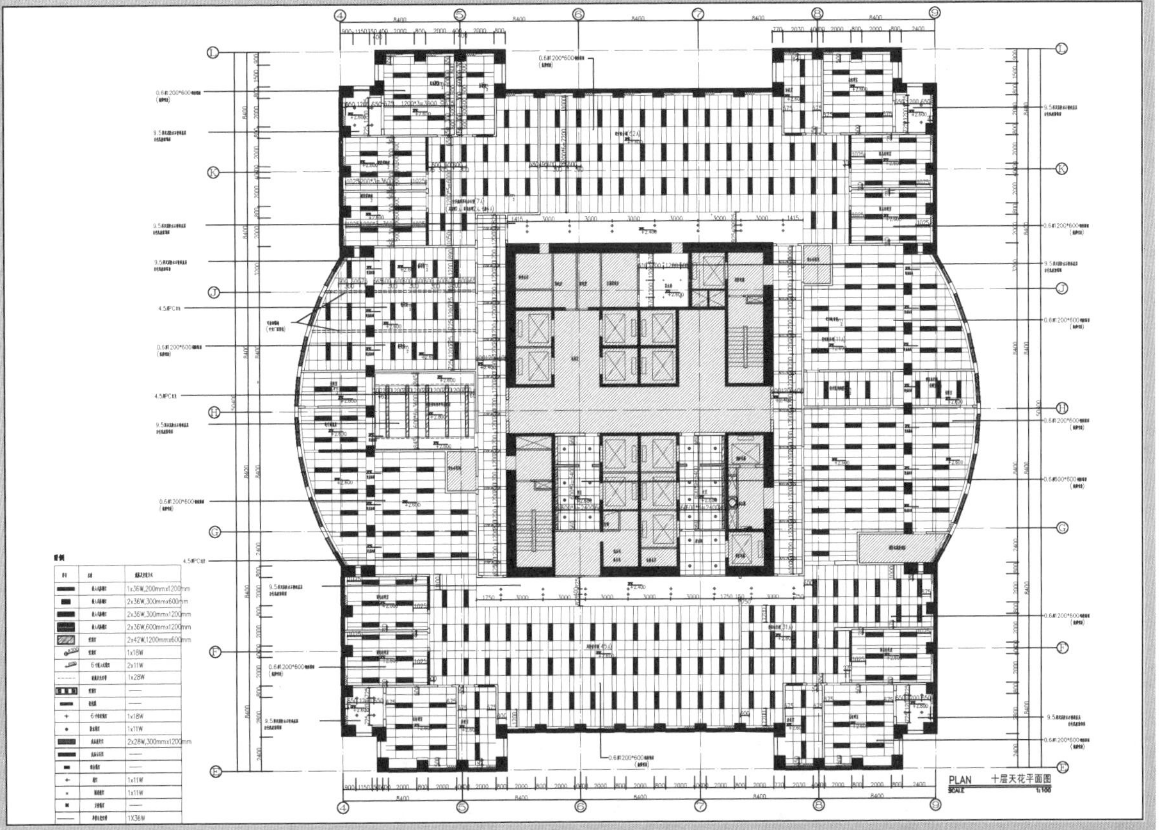

▲ 图4-144　十层天花平面图

227

图4-145　建筑装修材料表一

图4-146　建筑装修材料表二

建筑装修材料表（三）

房间名称	地 面 层				踢 脚／墙 裙				内 墙 面			天 花 吊 顶			备 注
	饰面材料	高度(MM)	材料规格\厚度(MM)	防火等级	饰面材料	高度(MM)	材料规格\厚度(MM)	防火等级	饰面材料	材料规格\厚度(MM)	防火等级	饰面材料	高度(M)	材料规格\厚度(MM)	防火等级	
酒店大堂门厅	地砖	—	600*600	B1	压条不锈钢	60	1.2厚	A	乳胶漆	—	A	纸面	2.6	0.6厚铝扣（氟碳喷涂）	A	防水吊顶
客房三合板喷涂办公室	地砖	—	600*600	B1	压条不锈钢	60	1.2厚	A	乳胶漆	—	A	纸面	2.6	0.6厚铝扣（氟碳喷涂）	A	防水吊顶
三合三防喷涂办公室	地砖	—	600*600	B1	压条不锈钢	60	1.2厚	A	乳胶漆	—	A	纸面	2.6	0.6厚铝扣（氟碳喷涂）	A	防水吊顶
客房三合板喷涂室	复合木	—	600*600	A	压条不锈钢	60	1.2厚	A	乳胶漆	—	A	防水石膏板	2.6	天花板x1220*2440*9.5/白色乳胶漆	A	石膏板安装NCB50龙骨固定安装
三合三防喷涂室	地砖	—	600*600	A	压条不锈钢	60	1.2厚	A	乳胶漆	—	A	防水石膏板	2.6	天花板x1220*2440*9.5/白色乳胶漆	A	石膏板安装NCB50龙骨固定安装
普通客房喷涂楼梯间房室	地砖	—	600*600	B1	压条不锈钢	60	1.2厚	A	乳胶漆	—	A	防水石膏板	2.6	天花板x1220*2440*9.5/白色乳胶漆	A	石膏板安装NCB50龙骨固定安装
客房室	地砖	—	600*600	B1	压条不锈钢	60	1.2厚	A	乳胶漆	—	A	纸面	2.6	0.6厚铝扣（氟碳喷涂）	A	防水吊顶
走廊	复合木	—	800*800	A	压条不锈钢	60	1.2厚	A	乳胶漆	—	A	防水石膏板	2.4	天花板x1220*2440*9.5/白色乳胶漆	A	石膏板安装NCB50龙骨固定安装
男子卫生间	防滑地砖	—	300*600	A	—	—	—	—	墙面砖	300*600	A	纸面	2.680	0.6厚铝扣（氟碳喷涂）	A	防水吊顶
残疾卫间	防滑地砖	—	300*600	A	—	—	—	—	墙面砖	300*600	A	纸面	2.680	0.6厚铝扣（氟碳喷涂）	A	防水吊顶
综合会议室间	水泥砂浆自流平	—	600*600	A	—	—	—	—	乳胶漆	—	A	裸露结构面吊顶	—	—	A	
消防泵间配间	水泥砂浆光面	—	—	A	—	—	—	—	乳胶漆	—	A	裸露结构面吊顶	—	—	A	

▲ 图4-147 建筑装修材料表三

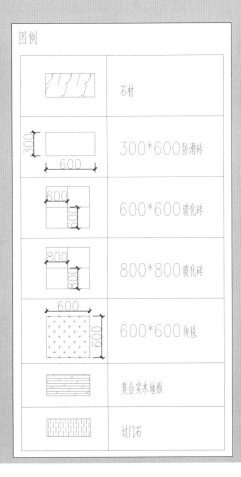

图例

	石材
300×600	300*600防滑砖
600×600	600*600玻化砖
800×800	800*800玻化砖
600×600	600*600块毯
	复合实木地板
	过门石

◀ 图4-148 地铺图例

图例

符号	名称	规格及安装方式
	嵌入式格栅灯	1x36W,200mmx1200mm
	嵌入式格栅灯	2x36W,300mmx600mm
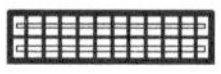	嵌入式格栅灯	2x36W,300mmx1200mm
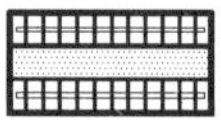	嵌入式格栅灯	2x36W,600mmx1200mm
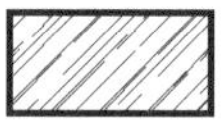	吸顶灯	2x42W,1200mmx600mm
 R300	吸顶灯	1x18W
 R150	6寸嵌入式筒灯	2x11W
	暗藏日光灯带	1x28W
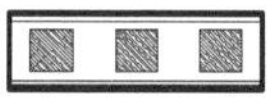	吸顶灯	—
	张拉膜	—
	6寸柱状筒灯	1x18W
	防水筒灯	1x11W
	成品胶片灯	2x28W,300mmx1200mm
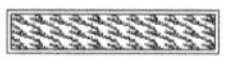	成品云石灯	—
	组合筒灯	—
	射灯	1x11W
	圆形射灯	1x11W
	方形筒灯	—
	单管日光灯管	1X36W

图4-149 天花图例

本章小结

通过对本章内容的学习，首先，学生应该懂得如何欣赏一个成功的设计案例，并能从中吸取营养，提高自己的设计修养；其次，看优秀的设计方案时要懂得设计师是怎样灵活地运用设计的原理、要素、原则、空间组织、色彩、材质的肌理、材料的质感和设计元素等为空间服务的；最后，学生要学会阅读和绘制标准的施工图。

思考练习

1. 室内设计的空间功能性质是通过哪些途径表达或传递的？
2. 不同功能的公共空间对采光方式有哪些具体要求？

实训项目

参考实例二的制图标准，由老师提供约500平方米的空白室内空间设计间，学生分组合作完成具有中式风格的茶楼设计。

参 考 文 献

[1] 来增祥，陆震纬. 室内设计原理：上册 [M] . 2版. 北京：中国建筑工业出版社，2006.

[2] 陆震纬，来增祥. 室内设计原理：下册 [M] . 2版. 北京：中国建筑工业出版社，2004.

[3] 郝大鹏. 室内设计方法 [M] . 重庆：西南师范大学出版社，2000.

[4] 赵云川. 商业橱窗展示设计 [M] . 沈阳：辽宁美术出版社，1998.

[5] 拉普卜特. 文化特性与建筑设计 [M] . 常青，张昕，张鹏，译. 北京：中国建筑工业出版社，2004.

[6] 邓雪娴，周燕珉，夏晓国. 餐饮建筑设计 [M] . 北京：中国建筑工业出版社，1999.

[7] 齐皓，张俏梅，余勇. 设计心理学 [M] . 武汉：湖北美术出版社，2008.

[8] 谷彦彬. 设计思维与造型 [M] . 长沙：湖南大学出版社，2006.

[9] 莫钧，杨清平. 公共空间设计 [M] . 长沙：湖南大学出版社，2009.

[10] 成涛. 现代室内设计与实务 [M] . 广州：广东科技出版社，1997.

[11] 孟钺. 室内装饰设计 [M] . 北京：化学工业出版社，2010.

[12] 李宏. 建筑装饰设计 [M] . 2版. 北京：化学工业出版社，2010.

[13] 崔贺亭，童霞. 建筑装饰设计基础：建筑装饰专业 [M] . 北京：高等教育出版社，2002.

[14] 许亮，董万里. 室内环境设计 [M] . 重庆：重庆大学出版社，2003.

[15] 吴骥良. 建筑装饰设计 [M] . 天津：天津科学技术出版社，2006.